Ausbildung
gestalten

AF834007

Trockenbaumonteur/ Trockenbaumonteurin

Ausbaufacharbeiter/ Ausbaufacharbeiterin

Schwerpunkt Trockenbauarbeiten

Informationen für

- Ausbilder und Ausbilderinnen
- Auszubildende
- Berufsschullehrer und Berufsschullehrerinnen
- Prüfer und Prüferinnen

Impressum

Herausgeber:

Bundesinstitut für Berufsbildung
Friedrich-Ebert-Allee 114–116
53113 Bonn
https://www.bibb.de

Konzeption und Redaktion:

Daniel Schreiber
Bundesinstitut für Berufsbildung
schreiber@bibb.de

Kerstin Jonas
Bundesinstitut für Berufsbildung
jonas@bibb.de

Annette Pohl
Bundesinstitut für Berufsbildung
annette.pohl@bibb.de

Kristina Schäfer
Bundesinstitut für Berufsbildung
kristina.schaefer@bibb.de

Petra Fitzner-Kohn
Bundesinstitut für Berufsbildung
fitzner-kohn@bibb.de

Jennifer Wintgens
Bundesinstitut für Berufsbildung
jennifer.wintgens@bibb.de

Bibliografische Information der Deutschen Nationalbibliothek:

Die Deutsche Nationalbibliothek verzeichnet diese Publikation in der Deutschen Nationalbibliografie; detaillierte bibliografische Daten sind im Internet über http://dnb.dnb.de abrufbar.

urn:nbn:de:
ISBN: 978-3-8474-2838-1 (Print)
ISBN: 978-3-96208-465-3 (PDF)

Gesamtherstellung:

Verlag Barbara Budrich
Stauffenbergstraße 7
51379 Leverkusen
https://www.budrich.de
info@budrich.de

Mit freundlicher Unterstützung von:

Sekretariat der Kultusministerkonferenz, https://www.kmk.org

Gedruckt auf umweltfreundlichem Papier

Vorwort

Ausbildungsforschung und Berufsbildungspraxis im Rahmen von Wissenschaft – Politik – Praxis – Kommunikation sind Voraussetzungen für moderne Ausbildungsordnungen, die im Bundesinstitut für Berufsbildung erstellt werden. Entscheidungen über die Struktur der Ausbildung, über die zu fördernden Kompetenzen und über die Anforderungen in den Prüfungen sind das Ergebnis eingehender fachlicher Diskussionen der Sachverständigen mit BIBB-Experten und -Expertinnen.

Um gute Voraussetzungen für eine reibungslose Umsetzung neuer Ausbildungsordnungen im Sinne der Ausbildungsbetriebe wie auch der Auszubildenden zu schaffen, haben sich Umsetzungshilfen als wichtige Unterstützung in der Praxis bewährt. Die Erfahrungen der „Ausbildungsordnungsmacher“ aus der Erneuerung beruflicher Praxis, die bei der Entscheidung über die neuen Kompetenzanforderungen wesentlich waren, sind deshalb auch für den Transfer der neuen Ausbildungsordnung und des Rahmenlehrplans für den Beruf Ausbaufacharbeiter/-in im Schwerpunkt Trockenbauarbeiten sowie den Beruf Trockenbaumonteur/-in in die Praxis von besonderem Interesse.

Vor diesem Hintergrund haben sich die Beteiligten dafür entschieden, gemeinsam verschiedene Materialien zur Unterstützung der Ausbildungspraxis zu entwickeln. In der vorliegenden Handreichung werden die Ergebnisse der Neuordnung und die damit verbundenen Ziele und Hintergründe aufbereitet und anschaulich dargestellt. Dazu werden praktische Handlungshilfen zur Planung und Durchführung der betrieblichen und schulischen Ausbildung angeboten.

Ich wünsche mir weiterhin eine umfassende Verbreitung bei allen, die mit der dualen Berufsausbildung befasst sind, sowie bei den Auszubildenden selbst. Den Autoren und Autorinnen gilt mein herzlicher Dank für ihre engagierte und qualifizierte Arbeit.

Bonn, im Januar 2025
Prof. Dr. Friedrich Hubert Esser
Präsident Bundesinstitut für Berufsbildung

Inhaltsverzeichnis

! Die berufsbezogenen Inhalte dieser Umsetzungshilfe geben den Sachstand nach abgeschlossener Neuordnung des Berufs 2023 sowie der Änderungsverordnung von Dezember 2024 wieder. Aktuelle Informationen und eventuell erfolgte Änderungen der gesetzlichen Vorgaben finden Sie unter:

- Ausbaufacharbeiter/-in (Schwerpunkt Trockenbauarbeiten)
  [https://www.bibb.de/dienst/berufesuche/de/index_berufesuche.php/profile/apprenticeship/36kkjju2]
- Trockenbaumonteur/-in
  [https://www.bibb.de/dienst/berufesuche/de/index_berufesuche.php/profile/apprenticeship/78opl]

Farbleitsystem mit Berufszuordnung

AB – **Aus**bau**b**erufe = Ausbaufacharbeiter/-in (Schwerpunkt Trockenbauarbeiten) und Trockenbaumonteur/-in

AF – **A**usbau**f**acharbeiter/-in (Schwerpunkt Trockenbauarbeiten)

T – **T**rockenbaumonteur/-in

1 Informationen zum Ausbildungsberuf

AB

1.1 Warum eine Neuordnung und was ist neu?

In den letzten Jahren haben sich die Anforderungen an die Berufe der Bauwirtschaft sowohl beim Neubau als auch beim Bauen im Bestand zunehmend verändert. Durch technische Fortschritte sowie gestiegene Anforderungen des Umwelt- und Verbraucherschutzes wurde eine Anpassung der Ausbildungsinhalte notwendig. Maßnahmen zur Energieeinsparung und Vermeidung von CO_2-Emissionen im Sinne des Klimaschutzes, nachhaltige Baumaterialien oder neue Anforderungen im Zusammenhang mit dem Brandschutz erforderten eine Weiterentwicklung der Berufsbilder. Gebäude werden „smarter" und technische Anlagen, Werkzeuge und Maschinen immer vernetzter. Das verändert auch die Kompetenzanforderungen an Fachkräfte am Bau.
Gegenstand der Ausbildungsverordnung der Bauwirtschaftsberufe sind insgesamt 19 Berufe aus den Bereichen Ausbau, Hochbau und Tiefbau. Davon sind drei Ausbildungsberufe zweijährig und 16 Berufe dreijährig. Die Ausbildungsordnung für den Beruf Ausbaufacharbeiter/-in (Schwerpunkt Trockenbauarbeiten) sowie für den Beruf Trockenbaumonteur/-in ist Teil der Verordnung zu den Bauwirtschaftsberufen im Bereich Ausbau.

Wie ist die betriebliche Ausbildung strukturiert?

Die Ausbildung zum Trockenbaumonteur und zur Trockenbaumonteurin ist vom Allgemeinen zum Speziellen aufgebaut.

- Im ersten Ausbildungsjahr erfolgt eine berufsfeldübergreifende Ausbildung im Sinne einer beruflichen Grundbildung. Dabei lernen die Auszubildenden die grundlegenden Arbeitsschritte in den Bereichen Ausbau und Hochbau kennen. Im Rahmen von zehn Wochen werden schwerpunktmäßige Ausbildungsinhalte im Beruf vermittelt.
- Im zweiten Ausbildungsjahr stehen der berufliche Schwerpunkt und die bereichsspezifische Ausbildung im Vordergrund. Die schwerpunktmäßige Ausbildung macht 16 Wochen der Ausbildungszeit aus.
- Das dritte Ausbildungsjahr ist berufsspezifisch ausgestaltet.

Die Ausbildung zum Ausbaufacharbeiter und zur Ausbaufacharbeiterin im Schwerpunkt Trockenbauarbeiten ist identisch mit den ersten beiden Ausbildungsjahren des Berufs Trockenbaumonteur/-in.

Überbetriebliche Ausbildung

Ergänzt und vertieft wird die betriebliche Ausbildung in überbetrieblichen Bildungsstätten. Das Heinz-Piest-Institut für Handwerkstechnik erarbeitet dafür die Unterweisungspläne. Auszubildende sind verpflichtet, an der überbetrieblichen Ausbildung teilzunehmen.
Im Beruf Ausbaufacharbeiter/-in im Schwerpunkt Trockenbauarbeiten umfasst die überbetriebliche Ausbildung mindestens 24 Wochen und kann um bis zu fünf Wochen erweitert werden.
Im Beruf Trockenbaumonteur/-in umfasst die überbetriebliche Ausbildung mindestens 30 Wochen und kann um bis zu neun Wochen erweitert werden.

Berufsschulischer Unterricht

Für den berufsschulischen Teil der dualen Berufsausbildung wurden die Rahmenlehrpläne komplett überarbeitet. Der neue Rahmenlehrplan und die darin enthaltenen Lernfelder sind mit den betrieblichen Ausbildungsinhalten abgestimmt. Diese Abstimmung wird in der Entsprechungsliste dokumentiert.

Prüfungsform Gestreckte Abschlussprüfung

Für den dreijährigen Ausbildungsberuf Trockenbaumonteur/-in wurde die „Gestreckte Abschlussprüfung" neu eingeführt, die in zwei zeitlich auseinanderfallenden Teilen durchgeführt wird.
Ziel der „gestreckten" Prüfungsform ist es, die Auszubildenden zu motivieren und bereits in Teil 1 Leistungen zu erbringen, die für die Endnote relevant sind. Außerdem verringert sich der Prüfungsaufwand für Auszubildende, Ausbilder/-innen und Prüfer/-innen.
Teil 1 der Prüfung ist identisch mit der Abschlussprüfung des Ausbaufacharbeiters und der Ausbaufacharbeiterin im Schwerpunkt Trockenbauarbeiten. Diese Struktur ermöglicht die Anrechnung von Prüfungsleistungen und Ausbildungszeiten, sodass Auszubildende des zweijährigen Berufs bei erfolgreich bestandener Prüfung die Ausbildung im dritten Ausbildungsjahr des dreijährigen Berufs fortsetzen können. Des Weiteren gibt es die Möglichkeit, den Abschluss Ausbaufacharbeiter/-in anerkennen zu lassen, wenn Prüflinge Teil 2 der Abschlussprüfung nicht bestehen.

AB

1.2 Strukturmerkmale der Berufe im Bereich Ausbau

Innerhalb der Bauwirtschaftsverordnung ist der Beruf Trockenbaumonteur/-in einer von sechs Berufen im Bereich Ausbau. Folgende Übersicht verdeutlicht die Strukturen.

<table>
<tr><th></th><th>1. Ausbildungsjahr</th><th>2. Ausbildungsjahr</th><th>3. Ausbildungsjahr</th></tr>
<tr><td rowspan="5">Zweijähriger Ausbildungsberuf
▸ Ausbaufacharbeiter/-in</td><td colspan="3">Ausbildungsinhalte:</td></tr>
<tr><td>▸ übergreifende Inhalte
▸ Inhalte im Ausbau
▸ Inhalte im Hochbau</td><td>▸ übergreifende Inhalte im Bereich
▸ Inhalte im Schwerpunkt</td><td rowspan="2"></td></tr>
<tr><td colspan="2">Standardberufsbildpositionen</td></tr>
<tr><td colspan="3">Prüfung:</td></tr>
<tr><td>Zwischenprüfung
▸ ein Prüfungsbereich
▸ praktische und schriftliche Aufgaben
Das Ergebnis fließt nicht in die Endnote ein.</td><td>Gesellen- oder Abschlussprüfung
▸ drei Prüfungsbereiche, inkl. Wirtschafts- und Sozialkunde
▸ praktische und schriftliche Aufgaben</td><td>Bei erfolgreichem Bestehen der Gesellen- oder Abschlussprüfung kann die Ausbildung im dritten Ausbildungsjahr im dreijährigen Beruf fortgesetzt werden, wenn der oder die Auszubildende und der Betrieb sich einig sind.</td></tr>
<tr><td>Anrechnungsmodell</td><td colspan="3">Die Ausbildungszeiten sowie das Ergebnis der Gesellen- oder Abschlussprüfung werden für die weiterführende Ausbildung im dreijährigen Beruf angerechnet.</td></tr>
<tr><td rowspan="5">Dreijährige Ausbildungsberufe im Bereich Ausbau:
▸ Zimmerer/Zimmerin
▸ Stuckateur/-in
▸ Fliesen-, Platten- und Mosaikleger/-in
▸ Estrichleger/-in
▸ Wärme-, Kälte- und Schallschutzisolierer/-in
▸ Trockenbaumonteur/-in</td><td colspan="3">Ausbildungsinhalte:</td></tr>
<tr><td>▸ berufsfeldübergreifende Inhalte
▸ Inhalte im Ausbau
▸ Inhalte im Hochbau</td><td>▸ berufsfeldübergreifende Inhalte
▸ gemeinsame Inhalte im Bereich
▸ berufsspezifische Inhalte</td><td>▸ berufsspezifische Inhalte</td></tr>
<tr><td colspan="3">Standardberufsbildpositionen</td></tr>
<tr><td colspan="3">Prüfung:</td></tr>
<tr><td>keine Prüfung nach einem Jahr</td><td>„Gestreckte Abschlussprüfung“ Teil 1
(im vierten Ausbildungshalbjahr)
▸ ein Prüfungsbereich in zwei Teilen
▸ praktische und schriftliche Aufgaben
Das Ergebnis fließt mit 40 % in die Endnote ein.</td><td>„Gestreckte Abschlussprüfung“ Teil 2
(am Ende der Berufsausbildung)
▸ vier Prüfungsbereiche, inkl. Wirtschafts- und Sozialkunde
▸ praktische Aufgabe mit Dokumentation
▸ schriftliche Aufgaben</td></tr>
<tr><td>Rückfalloption</td><td colspan="3">Bei Nichtbestehen von Teil 2 der „Gestreckten Abschlussprüfung“ werden das Ergebnis von Wirtschafts- und Sozialkunde (Teil 2) sowie das Ergebnis von Teil 1 der „Gestreckten Abschlussprüfung“ angerechnet, und auf Antrag kann der Berufsabschluss im zweijährigen Beruf erworben werden.</td></tr>
<tr><td colspan="4">Überbetriebliche Ausbildung</td></tr>
<tr><td></td><td>mindestens 13 Wochen
maximal 16 Wochen</td><td>mindestens 11 Wochen
maximal 13 Wochen</td><td>mindestens 6 Wochen
maximal 10 Wochen</td></tr>
</table>

AB

2 Ausbildungsordnung und Ausbildungsrahmenplan

2.1 Paragrafen der Ausbildungsordnung

Die Berufe Ausbaufacharbeiter/-in (Schwerpunkt Trockenbauarbeiten) sowie Trockenbaumonteur/-in werden zusammen mit den anderen Berufen des Bereichs Ausbau in einer Ausbildungsordnung verordnet. Zur besseren Übersicht über die Berufe werden hier nur die Paragrafen und Ausbildungsinhalte dargestellt, die die Ausbildung zum Ausbaufacharbeiter und zur Ausbaufacharbeiterin (Schwerpunkt Trockenbauarbeiten) sowie zum Trockenbaumonteur und zur Trockenbaumonteurin betreffen. Dadurch kann es bei den Nummerierungen von Paragrafen und Absätzen zu Sprüngen und Auslassungen [...] kommen. Die Änderungsverordnung vom 17. Dezember 2024 wurde berücksichtigt.

Verordnung zur Neuordnung der Ausbildung in der Bauwirtschaft

Vom 3. Juni 2024

Auf Grund

- des § 25 Absatz 1 Satz 1 der Handwerksordnung, der zuletzt durch Artikel 2 Nummer 1 des Gesetzes vom 9. November 2022 (BGBl. I S. 2009) geändert worden ist, und
- des § 4 Absatz 1 des Berufsbildungsgesetzes in der Fassung der Bekanntmachung vom 4. Mai 2020 (BGBl. I S. 920) in Verbindung mit § 1 Absatz 2 des Zuständigkeitsanpassungsgesetzes vom 16. August 2002 (BGBl. I S. 3165) und dem Organisationserlass vom 8. Dezember 2021 (BGBl. I S. 5176)

verordnet das Bundesministerium für Wirtschaft und Klimaschutz im Einvernehmen mit dem Bundesministerium für Bildung und Forschung:

Inhaltsübersicht

Artikel 3

Kurzübersicht

AB

Abschnitt 1: Gegenstand, Dauer und Gliederung der Berufsausbildung

§ 1 Staatliche Anerkennung der Ausbildungsberufe

(1) Der Ausbildungsberuf mit der Berufsbezeichnung Ausbaufacharbeiter und Ausbaufacharbeiterin wird staatlich anerkannt nach

1. § 25 der Handwerksordnung zur Ausbildung für das Gewerbe nach Anlage A Nummer 3, Zimmerer, Nummer 9, Stuckateure, Nummer 42, Fliesen-, Platten- und Mosaikleger, Nummer 44, Estrichleger, sowie Nummer 6, Wärme-, Kälte- und Schallschutzisolierer, der Handwerksordnung und
2. § 4 Absatz 1 des Berufsbildungsgesetzes.

[...]

(7) Der Ausbildungsberuf mit der Berufsbezeichnung Trockenbaumonteur und Trockenbaumonteurin wird nach § 4 Absatz 1 des Berufsbildungsgesetzes staatlich anerkannt.

§ 2 Dauer der Berufsausbildungen

(1) Die Berufsausbildung im Ausbildungsberuf Ausbaubaufacharbeiter und Ausbaufacharbeiterin dauert zwei Jahre.

[...]

(7) Die Berufsausbildung im Ausbildungsberuf Trockenbaumonteur und Trockenbaumonteurin dauert drei Jahre.

§ 3 Gegenstand der Berufsausbildungen und Ausbildungsrahmenpläne

(1) Gegenstand der Berufsausbildung zum Ausbaufacharbeiter und zur Ausbaufacharbeiterin sind mindestens die in dem jeweiligen Ausbildungsrahmenplan in den folgenden Anlagen genannten Fertigkeiten, Kenntnisse und Fähigkeiten:

[...]

6. im Schwerpunkt Trockenbauarbeiten: Anlage 6 Abschnitt A, B und D.

[...]

(7) Gegenstand der Berufsausbildung zum Trockenbaumonteur und zur Trockenbaumonteurin sind mindestens die im Ausbildungsrahmenplan für die Berufsausbildung zum Ausbaufacharbeiter und zur Ausbaufacharbeiterin im Schwerpunkt Trockenbauarbeiten sowie zum Trockenbaumonteur und zur Trockenbaumonteurin Anlage 6 Abschnitt A bis D genannten Fertigkeiten, Kenntnisse und Fähigkeiten.

(8) Von der Organisation der Berufsausbildung, wie sie in den jeweiligen Anlagen 1 bis 6 vorgegeben ist, darf von den Ausbildenden abgewichen werden, wenn und soweit betriebspraktische Besonderheiten oder Gründe, die in der Person des oder der Auszubildenden liegen, die Abweichung erfordern.

(9) Die in den jeweiligen Anlagen 1 bis 6 genannten Fertigkeiten, Kenntnisse und Fähigkeiten sollen von den Ausbildenden so vermittelt werden, dass die Auszubildenden die berufliche Handlungsfähigkeit nach § 1 Absatz 3 des Berufsbildungsgesetzes erlangen. Die berufliche Handlungsfähigkeit schließt insbesondere selbständiges Planen, Durchführen und Kontrollieren bei der Ausübung der beruflichen Aufgaben ein.

§ 4 Struktur der Berufsausbildung zum Ausbaufacharbeiter und zur Ausbaufacharbeiterin sowie Ausbildungsberufsbild

(1) Die Berufsausbildung gliedert sich in:

1. schwerpunktübergreifende berufsprofilgebende Fertigkeiten, Kenntnisse und Fähigkeiten,
2. schwerpunktübergreifende integrativ zu vermittelnde Fertigkeiten, Kenntnisse und Fähigkeiten sowie
3. weitere Fertigkeiten, Kenntnisse und Fähigkeiten in einem der Schwerpunkte:

   [...]

   f) Trockenbauarbeiten.

Die Fertigkeiten, Kenntnisse und Fähigkeiten sind in Berufsbildpositionen als Teil des Ausbildungsberufsbildes gebündelt.

(2) Die Berufsbildpositionen der schwerpunktübergreifenden berufsprofilgebenden Fertigkeiten, Kenntnisse und Fähigkeiten sind:

1. Übernehmen von Arbeitsaufträgen und kundenorientierte Kommunikation,
2. Planen, Vorbereiten und Organisieren von Arbeitsaufgaben,
3. Einrichten, Sichern, Unterhalten und Räumen von Baustellen,
4. Bedienen und Instandhalten von Werkzeugen, Maschinen und Anlagen,
5. Prüfen, Lagern und Auswählen von Baustoffen und Bauhilfsstoffen,
6. Lesen und Anwenden von Plänen und Zeichnungen, Anfertigen von Skizzen, auch digital,
7. Durchführen von Messungen mittels sowohl analoger als auch digitaler Messgeräte,
8. Bearbeiten von Holz und Holzwerkstoffen sowie Herstellen von Holzbauteilen,
9. Herstellen von Bauteilen aus Beton und Stahlbeton,
10. Herstellen von Baukörpern aus Steinen,
11. Durchführen von Energieeffizienzmaßnahmen sowie Maßnahmen zum Schall- und Brandschutz in und an Bauwerken und Bauteilen,
12. Herstellen von Putzen,
13. Herstellen von Estrichen,
14. Ansetzen und Verlegen von Fliesen und Platten,
15. Herstellen von Bauteilen im Trockenbau,
16. Umbauen und Rückbauen von Baukörpern,
17. Durchführen von qualitätssichernden Maßnahmen und Übergeben der Leistungen sowie
18. Prüfen, Bewerten und Vorbereiten von Untergründen.

In den Schwerpunkten nach § 3 Absatz 1 Nummer 1 bis 6 ist für die Vermittlung von Fertigkeiten, Kenntnissen und Fähigkeiten Folgendes anzuwenden:

[...]

6. im Schwerpunkt Trockenbauarbeiten werden die Fertigkeiten, Kenntnisse und Fähigkeiten nach Satz 1 Nummer 8 bis 14 und 16 im Zusammenhang mit der Vermittlung anderer Fertigkeiten, Kenntnisse und Fähigkeiten desselben Schwerpunkts vermittelt.

AF

(3) Die Berufsbildpositionen der schwerpunktübergreifenden integrativ zu vermittelnden Fertigkeiten, Kenntnisse und Fähigkeiten sind:

1. Organisation des Ausbildungsbetriebes, Berufsbildung sowie Arbeits- und Tarifrecht,
2. Sicherheit und Gesundheit bei der Arbeit,
3. Umweltschutz und Nachhaltigkeit sowie
4. digitalisierte Arbeitswelt.

(4) In den Schwerpunkten werden in folgenden Berufsbildpositionen weitere Fertigkeiten, Kenntnisse und Fähigkeiten vermittelt:

[...]

6. im Schwerpunkt Trockenbauarbeiten in den Berufsbildpositionen
   a) Bedienen und Instandhalten von Werkzeugen, Maschinen und Anlagen,
   b) Durchführen von Energieeffizienzmaßnahmen sowie Maßnahmen zum Schall- und Brandschutz in und an Bauwerken und Bauteilen sowie
   c) Herstellen von Bauteilen im Trockenbau.

[...]

T

§ 10 Struktur der Berufsausbildung zum Trockenbaumonteur und zur Trockenbaumonteurin sowie Ausbildungsberufsbild

(1) Die Berufsausbildung gliedert sich in:

1. berufsprofilgebende Fertigkeiten, Kenntnisse und Fähigkeiten sowie
2. integrativ zu vermittelnde Fertigkeiten, Kenntnisse und Fähigkeiten.

Die Fertigkeiten, Kenntnisse und Fähigkeiten sind in Berufsbildpositionen gebündelt.

(2) Die Berufsbildpositionen der berufsprofilgebenden Fertigkeiten, Kenntnisse und Fähigkeiten sind:

1. Übernehmen von Arbeitsaufträgen und kundenorientierte Kommunikation,
2. Planen, Vorbereiten und Organisieren von Arbeitsaufgaben,
3. Einrichten, Sichern, Unterhalten und Räumen von Baustellen,
4. Bedienen und Instandhalten von Werkzeugen, Maschinen und Anlagen,
5. Prüfen, Lagern und Auswählen von Baustoffen und Bauhilfsstoffen,
6. Lesen und Anwenden von Plänen und Zeichnungen, Anfertigen von Skizzen, auch digital,
7. Durchführen von Messungen mittels sowohl analoger als auch digitaler Messgeräte,
8. Bearbeiten von Holz und Holzwerkstoffen sowie Herstellen von Holzbauteilen,
9. Herstellen von Bauteilen aus Beton und Stahlbeton,
10. Herstellen von Baukörpern aus Steinen,
11. Durchführen von Energieeffizienzmaßnahmen sowie Maßnahmen zum Schall- und Brandschutz in und an Bauwerken und Bauteilen,
12. Herstellen von Putzen,
13. Herstellen von Estrichen,
14. Ansetzen und Verlegen von Fliesen und Platten,

T

15. Herstellen von Bauteilen im Trockenbau,
16. Umbauen und Rückbauen von Baukörpern,
17. Durchführen von qualitätssichernden Maßnahmen und Übergeben der Leistungen,
18. Prüfen, Bewerten und Vorbereiten von Untergründen,
19. Ausbauen von Feuchträumen,
20. Ausbauen von Dachgeschossen,
21. Herstellen von Sonderdecken,
22. Herstellen von Brandschutzkonstruktionen,
23. Herstellen von Strahlenschutzkonstruktionen,
24. Herstellen von Bauteilen und Sonderkonstruktionen im Trockenbau sowie
25. Sanieren und Instandhalten von Trockenbaukonstruktionen.

Die Vermittlung der Fertigkeiten, Kenntnisse und Fähigkeiten nach Satz 1 Nummer 8 bis 14 und 16 erfolgt im Zusammenhang mit der Vermittlung anderer Fertigkeiten, Kenntnisse und Fähigkeiten des Ausbildungsberufs Trockenbaumonteur und Trockenbaumonteurin.

(3) Die Berufsbildpositionen der integrativ zu vermittelnden Fertigkeiten, Kenntnisse und Fähigkeiten sind:

1. Organisation des Ausbildungsbetriebes, Berufsbildung sowie Arbeits- und Tarifrecht,
2. Sicherheit und Gesundheit bei der Arbeit,
3. Umweltschutz und Nachhaltigkeit sowie
4. digitalisierte Arbeitswelt.

§ 11 Berufsausbildung in überbetrieblichen Ausbildungsstätten

AF

(1) Die Berufsausbildung im Ausbildungsberuf Ausbaufacharbeiter und Ausbaufacharbeiterin ist während einer Dauer von 24 Wochen in geeigneten Einrichtungen außerhalb der Ausbildungsstätte durchzuführen. Hierdurch sind folgende Fertigkeiten, Kenntnisse und Fähigkeiten entsprechend des jeweiligen Schwerpunktes zu ergänzen und zu vertiefen:

[...]

6. Schwerpunkt Trockenbauarbeiten:

   a) im ersten Ausbildungsjahr in 13 Wochen Fertigkeiten, Kenntnisse und Fähigkeiten nach der Anlage 6 Abschnitt A laufende Nummer 8 bis 15 sowie

   b) im zweiten Ausbildungsjahr in elf Wochen Fertigkeiten, Kenntnisse und Fähigkeiten nach der Anlage 6 Abschnitt B laufende Nummer 9 bis 13.

[...]

T

(7) Die Berufsausbildung im Ausbildungsberuf Trockenbaumonteur und Trockenbaumonteurin ist während einer Dauer von 30 Wochen in geeigneten Einrichtungen außerhalb der Ausbildungsstätte durchzuführen. Hierdurch sind folgende Fertigkeiten, Kenntnisse und Fähigkeiten zu ergänzen und zu vertiefen:

1. im ersten Ausbildungsjahr in 13 Wochen Fertigkeiten, Kenntnisse und Fähigkeiten nach der Anlage 6 Abschnitt A laufende Nummer 8 bis 15,
2. im zweiten Ausbildungsjahr in elf Wochen Fertigkeiten, Kenntnisse und Fähigkeiten nach der Anlage 6 Abschnitt B laufende Nummer 9 bis 13 sowie

3. im dritten Ausbildungsjahr in sechs Wochen Fertigkeiten, Kenntnisse und Fähigkeiten nach der Anlage 6 Abschnitt C laufende Nummer 4 bis 10.

AB

(8) Wenn und soweit es die Berufsausbildung erfordert, kann sie in den in den Absätzen 1 bis 7 genannten Ausbildungsberufen zusätzlich in geeigneten Einrichtungen außerhalb der Ausbildungsstätte durchgeführt werden während einer Dauer von insgesamt bis zu

1. fünf Wochen in den Fällen des Absatzes 1 oder
2. neun Wochen in den Fällen der Absätze 2 bis 7.

Während des benannten zeitlichen Gesamtumfangs nach Satz 1 Nummer 1 oder Nummer 2 sind einzelne der in den Absätzen 1 bis 7 jeweils genannten Fertigkeiten, Kenntnisse und Fähigkeiten zu ergänzen und zu vertiefen. Im Fall des Satzes 1 Nummer 1 entfallen auf das erste Ausbildungsjahr höchstens drei Wochen und auf das zweite Ausbildungsjahr höchstens zwei Wochen. Im Fall des Satzes 1 Nummer 2 entfallen auf das erste Ausbildungsjahr höchstens drei Wochen, auf das zweite Ausbildungsjahr höchstens zwei Wochen und auf das dritte Ausbildungsjahr höchstens vier Wochen. Die Festlegung über die Erforderlichkeit, den genauen zeitlichen Umfang, einschließlich dessen Verteilung über die Ausbildungsjahre, und die Inhalte der zusätzlichen überbetrieblichen Ausbildung trifft der Ausbildende.

AB

§ 12 Ausbildungsplan

Die Ausbildenden haben spätestens zu Beginn der Ausbildung auf der Grundlage des jeweiligen Ausbildungsrahmenplans für jeden Auszubildenden und für jede Auszubildende einen Ausbildungsplan zu erstellen.

AF

Abschnitt 2: Berufsausbildung zum Ausbaufacharbeiter und zur Ausbaufacharbeiterin (Schwerpunkt Trockenbauarbeiten)

Unterabschnitt 1: Zwischenprüfung

§ 13 Zeitpunkt

(1) Die Zwischenprüfung soll im dritten Ausbildungshalbjahr stattfinden.

(2) Den Zeitpunkt legt die zuständige Stelle fest.

§ 14 Inhalt

Die Zwischenprüfung erstreckt sich auf

1. die in den Ausbildungsrahmenplänen der Berufe in den Anlagen 1 bis 6 jeweils im Abschnitt A für die ersten zwölf Monate genannten Fertigkeiten, Kenntnisse und Fähigkeiten sowie
2. den im Berufsschulunterricht zu vermittelnden Lehrstoff, soweit er den in den Ausbildungsrahmenplänen der Berufe in den Anlagen 1 bis 6 jeweils im Abschnitt A genannten Fertigkeiten, Kenntnissen und Fähigkeiten entspricht.

§ 15 Prüfungsbereich

(1) Die Zwischenprüfung findet im Prüfungsbereich „Durchführen von Arbeiten im Ausbau" statt.

(2) Im Prüfungsbereich „Durchführen von Arbeiten im Ausbau" hat der Prüfling nachzuweisen, dass er in der Lage ist,

1. Arbeitsschritte zu planen sowie persönliche Schutzausrüstung auszuwählen,
2. Arbeitsplätze einzurichten und zu räumen,
3. Baustoffe und Bauhilfsstoffe zu unterscheiden, auszuwählen und einzusetzen sowie deren Mengen zu berechnen,
4. Werkzeuge zu unterscheiden, auszuwählen und einzusetzen,
5. ergonomische, ökologische und ökonomische Gesichtspunkte bei der Durchführung der Arbeiten zu berücksichtigen,
6. Untergründe zu prüfen und vorzubereiten,
7. Pläne, Skizzen und Zeichnungen zu lesen und anzuwenden,
8. Messungen durchzuführen,
9. Bauteile herzustellen,
10. Gefahrstoffe in Bauprodukten zu unterscheiden, Schutzmaßnahmen zu ergreifen, Gefahrstoffe umweltgerecht zu lagern sowie
11. Arbeitsergebnisse zu kontrollieren sowie Maßnahmen zur Qualitätssicherung durchzuführen.

(3) Für den Nachweis nach Absatz 2 ist eine der folgenden Tätigkeiten zugrunde zu legen:

1. Herstellen einer Unterkonstruktion mit Beplankung, Herstellen von Wand-Trockenputz sowie Fugen schließen,
2. Herstellen einer Holzkonstruktion mit mindestens zwei unterschiedlichen Holzverbindungen,
3. Herstellen eines Estrichs auf Trennschicht,
4. Montieren von Dämmmaterial und Herstellen einer Ummantelung,
5. Ansetzen von Fliesen im Dünnbettverfahren und Herstellen von Löchern und Aussparungen oder
6. Einbauen von Putzprofilen sowie Herstellen einer einlagigen Putzfläche.

Der Prüfungsausschuss legt fest, welche Tätigkeit nach Satz 1 zugrunde gelegt wird. Dabei ist der Schwerpunkt nach § 4 Absatz 1 Satz 1 Nummer 3, in dem der Prüfling ausgebildet wird, zu berücksichtigen.

(4) Der Prüfling hat eine Arbeitsaufgabe durchzuführen und die Durchführung mit praxisüblichen Unterlagen zu dokumentieren. Zusätzlich hat der Prüfling hierfür geeignete Aufgaben schriftlich zu bearbeiten. Die Aufgaben müssen praxisbezogen sein.

(5) Die Prüfungszeit für die Durchführung der Arbeitsaufgabe und für die Dokumentationen beträgt insgesamt 6 Stunden. Die Prüfungszeit für die schriftliche Bearbeitung der Aufgaben beträgt 60 Minuten.

AF

Unterabschnitt 2: Gesellen- oder Abschlussprüfung

§ 16 Zeitpunkt

(1) Die Gesellen- oder Abschlussprüfung findet am Ende der Berufsausbildung statt.

(2) Den Zeitpunkt legt die zuständige Stelle fest.

§ 17 Inhalt

(1) Die Gesellen- oder Abschlussprüfung findet unter Berücksichtigung des Schwerpunktes nach § 4 Absatz 1 Satz 1 Nummer 3 statt, in dem der Prüfling ausgebildet wird.

(2) Sie erstreckt sich auf

1. die in den Ausbildungsrahmenplänen der Berufe in den Anlage 1 bis 6 jeweils in den Abschnitten A, B und D genannten Fertigkeiten, Kenntnisse und Fähigkeiten sowie
2. den im Berufsschulunterricht zu vermittelnden Lehrstoff, soweit er den in den Ausbildungsrahmenplänen der Berufe genannten Fertigkeiten, Kenntnissen und Fähigkeiten entspricht.

§ 18 Prüfungsbereiche

Die Gesellen- oder Abschlussprüfung findet in den folgenden Prüfungsbereichen statt:

1. „Herstellen von Baukörpern",
2. „Durchführen von Ausbauarbeiten" sowie
3. „Wirtschafts- und Sozialkunde".

§ 19 Prüfungsbereich „Herstellen von Baukörpern"

(1) Im Prüfungsbereich „Herstellen von Baukörpern" hat der Prüfling nachzuweisen, dass er in der Lage ist,

1. Arbeitsabläufe zu planen und persönliche Schutzausrüstung auszuwählen,
2. Arbeitsplätze einzurichten und zu räumen,
3. Mengen von Baustoffen und Bauhilfsstoffen zu berechnen sowie Baustoffe und Bauhilfsstoffe einzusetzen,
4. Werkzeuge und Maschinen auszuwählen und einzusetzen,
5. ergonomische, ökologische und ökonomische Gesichtspunkte bei der Durchführung der Arbeiten zu berücksichtigen,
6. Untergründe zu prüfen und vorzubereiten,
7. Pläne, Skizzen und Zeichnungen zu lesen und anzuwenden,
8. Messungen durchzuführen,

9. Bauteile herzustellen sowie
10. sowohl Zwischen- als auch Endergebnisse der durchzuführenden Arbeiten zu kontrollieren, zu bewerten und zu dokumentieren.

[...]

(7) Für den Nachweis nach Absatz 1 ist im Schwerpunkt Trockenbauarbeiten eine der folgenden Tätigkeiten zugrunde zu legen:

1. Herstellen einer Einfachständerwand sowie einer geschlossenen Unterdecke mit einer Beplankung aus Trockenbauplatten,
2. Herstellen einer Einfachständerwand sowie einer geschlossenen Deckenbekleidung mit einer Beplankung aus Trockenbauplatten oder
3. Herstellen einer Einfachständerwand und eines Fertigteilestrichs.

(8) Der Prüfungsausschuss legt entsprechend des Schwerpunktes nach § 4 Absatz 1 Satz 1 Nummer 3, in dem der Prüfling ausgebildet wird, fest, welche Tätigkeit zugrunde gelegt wird.

(9) Der Prüfling hat eine Arbeitsaufgabe durchzuführen und die Durchführung mit praxisüblichen Unterlagen zu dokumentieren.

(10) Die Prüfungszeit für die Arbeitsaufgabe und für die Dokumentation beträgt insgesamt 8 Stunden.

§ 20 Prüfungsbereich „Durchführen von Ausbauarbeiten"

(1) Im Prüfungsbereich „Durchführen von Ausbauarbeiten" hat der Prüfling nachzuweisen, dass er in der Lage ist,

1. Aufträge zu erfassen sowie Arbeitsabläufe unter Beachtung technischer, wirtschaftlicher und organisatorischer Vorgaben zu planen,
2. persönliche Schutzausrüstung zu unterscheiden, auszuwählen und diesbezügliche Vorgaben zu erläutern,
3. das Einrichten oder das Räumen von Arbeitsplätzen unter Beachtung von Gefahrenbereichen auf Baustellen zu erläutern,
4. Baustoffe und Bauhilfsstoffe zu unterscheiden, auszuwählen, deren Mengen zu berechnen sowie die ökologischen Auswirkungen der Baustoffe und Bauhilfsstoffe zu erläutern,
5. Werkzeuge und Maschinen zu unterscheiden und auszuwählen,
6. Maßnahmen zur Vorbereitung und Prüfung von Untergründen zu beschreiben,
7. normgerechte Zeichnungen anzuwenden und bemaßte Skizzen anzufertigen,
8. Messgeräte zu unterscheiden und auszuwählen,
9. Vorschriften des Wärme-, Schall- und Brandschutzes zu unterscheiden,
10. die Durchführung von Ausbauarbeiten zu beschreiben,
11. Verfahren zur sortenreinen Trennung und Lagerung von Abfall- und Reststoffen auf der Baustelle zu beschreiben und dabei kreislaufwirtschaftliche Gesichtspunkte zu berücksichtigen sowie
12. Maßnahmen zur Sicherheit und zum Gesundheitsschutz bei der Arbeit, zum Umweltschutz und zur Qualitätssicherung zu beschreiben.

(2) Für den Nachweis nach Absatz 1 sind vier Tätigkeiten aus dem nachfolgend aufgeführten Bereich Ausbauarbeiten und sämtliche Tätigkeiten aus dem Bereich, der dem Schwerpunkt nach § 4 Absatz 1 Satz 1 Nummer 3 entspricht, in dem der Prüfling ausgebildet wird, zugrunde zu legen:

1. Bereich Ausbauarbeiten:
   a) Unterscheiden und Auswählen von Holz und Holzwerkstoffen,
   b) Unterscheiden von Dämmstoffen und Beschreiben des Einbauens und Rückbauens von Dämmstoffen,
   c) Unterscheiden von Estrichkonstruktionen und Estricharten,
   d) Unterscheiden von Putzen,
   e) Beschreiben des Verlegens von Fliesen und Platten,
   f) Unterscheiden von Trockenbaukonstruktionen oder
   g) Unterscheiden von Konstruktionen im Mauerwerksbau und im Beton- und Stahlbetonbau;

[...]

7. Bereich Schwerpunkt Trockenbauarbeiten:
   a) Unterscheiden von Baustoffen im Trockenbau,
   b) Unterscheiden und Auswählen von Bekleidungen und Vorsatzschalen sowie Beschreiben der Herstellung von Bekleidungen und Vorsatzschalen,
   c) Unterscheiden und Auswählen von Einfachständerwänden sowie Beschreiben der Herstellung von Einfachständerwänden sowie
   d) Unterscheiden von Unterdecken und Deckenbekleidungen mit einer Beplankung aus Trockenbauplatten.

Der Prüfungsausschuss legt fest, welche Tätigkeiten aus dem Bereich Ausbauarbeiten nach Satz 1 Nummer 1 zugrunde gelegt werden.

(3) Die Aufgaben müssen praxisbezogen sein. Der Prüfling hat die Aufgaben schriftlich zu bearbeiten.

(4) Die Prüfungszeit beträgt 120 Minuten.

§ 21 Prüfungsbereich „Wirtschafts- und Sozialkunde"

(1) Im Prüfungsbereich „Wirtschafts- und Sozialkunde" hat der Prüfling nachzuweisen, dass er in der Lage ist, allgemeine wirtschaftliche und gesellschaftliche Zusammenhänge der Berufs- und Arbeitswelt darzustellen und zu beurteilen.

(2) Die Aufgaben müssen praxisbezogen sein. Der Prüfling hat die Aufgaben schriftlich zu bearbeiten.

(3) Die Prüfungszeit beträgt 60 Minuten.

§ 22 Gewichtung der Prüfungsbereiche und Anforderungen für das Bestehen der Gesellen- oder Abschlussprüfung

(1) Die Bewertungen der einzelnen Prüfungsbereiche sind wie folgt zu gewichten:

1. „Herstellen von Baukörpern" mit 60 Prozent,
2. „Durchführen von Ausbauarbeiten" mit 30 Prozent sowie
3. „Wirtschafts- und Sozialkunde" mit 10 Prozent.

(2) Die Gesellen- oder Abschlussprüfung ist bestanden, wenn die Prüfungsleistungen – auch unter Berücksichtigung einer mündlichen Ergänzungsprüfung nach § 23 – wie folgt bewertet worden sind:

1. im Gesamtergebnis mit mindestens „ausreichend",
2. in mindestens zwei Prüfungsbereichen mit mindestens „ausreichend" und
3. in keinem Prüfungsbereich mit „ungenügend".

Über das Bestehen ist ein Beschluss nach § 35a Absatz 1 Nummer 3 der Handwerksordnung oder nach § 42 Absatz 1 Nummer 3 des Berufsbildungsgesetzes zu fassen.

§ 23 Mündliche Ergänzungsprüfung

(1) Der Prüfling kann in einem Prüfungsbereich eine mündliche Ergänzungsprüfung beantragen.

(2) Dem Antrag ist stattzugeben,

1. wenn er für einen der folgenden Prüfungsbereiche gestellt worden ist:
   a) „Durchführen von Ausbauarbeiten" oder
   b) „Wirtschafts- und Sozialkunde",
2. wenn der Prüfungsbereich nach Nummer 1 Buchstabe a oder Buchstabe b schlechter als mit „ausreichend" bewertet worden ist und
3. wenn die mündliche Ergänzungsprüfung für das Bestehen der Gesellen- oder Abschlussprüfung den Ausschlag geben kann.

Die mündliche Ergänzungsprüfung darf nur in dem Prüfungsbereich nach Satz 1 Nummer 1 Buchstabe a oder Buchstabe b durchgeführt werden.

(3) Die mündliche Ergänzungsprüfung soll 15 Minuten dauern.

(4) Bei der Ermittlung des Ergebnisses für den Prüfungsbereich sind das bisherige Ergebnis und das Ergebnis der mündlichen Ergänzungsprüfung im Verhältnis 2 : 1 zu gewichten.

[...]

T

Abschnitt 8: Berufsausbildung zum Trockenbaumonteur und zur Trockenbaumonteurin

Unterabschnitt 1: Abschlussprüfung

§ 89 Aufteilung in zwei Teile und Zeitpunkt

(1) Die Abschlussprüfung besteht aus den Teilen 1 und 2.

(2) Teil 1 soll im vierten Ausbildungshalbjahr stattfinden.

(3) Teil 2 findet am Ende der Berufsausbildung statt.

(4) Wird die Ausbildungsdauer verkürzt, so soll Teil 1 der Abschlussprüfung spätestens drei Monate vor dem Zeitpunkt von Teil 2 der Abschlussprüfung stattfinden.

(5) Den jeweiligen Zeitpunkt legt die zuständige Stelle fest.

§ 90 Inhalt des Teiles 1

Teil 1 der Abschlussprüfung erstreckt sich auf

1. die im Ausbildungsrahmenplan für die Berufsausbildung zum Ausbaufacharbeiter und zur Ausbaufacharbeiterin im Schwerpunkt Trockenbauarbeiten sowie zum Trockenbaumonteur und zur Trockenbaumonteurin in Anlage 6 Abschnitt A, B und D für die ersten 24 Monate genannten Fertigkeiten, Kenntnisse und Fähigkeiten sowie
2. den im Berufsschulunterricht zu vermittelnden Lehrstoff, soweit er den im Ausbildungsrahmenplan für die Berufsausbildung zum Ausbaufacharbeiter und zur Ausbaufacharbeiterin im Schwerpunkt Trockenbauarbeiten sowie zum Trockenbaumonteur und zur Trockenbaumonteurin in Anlage 6 Abschnitt A, B und D genannten Fertigkeiten, Kenntnissen und Fähigkeiten entspricht.

§ 91 Prüfungsbereich des Teiles 1

(1) Teil 1 der Abschlussprüfung findet im Prüfungsbereich „Herstellen von Baukörpern und Durchführen von Ausbauarbeiten" statt.

(2) Im Prüfungsbereich „Herstellen von Baukörpern und Durchführen von Ausbauarbeiten" besteht die Prüfung aus zwei Teilen.

(3) Im ersten Teil hat der Prüfling nachzuweisen, dass er in der Lage ist,

1. Arbeitsabläufe zu planen und persönliche Schutzausrüstung auszuwählen,
2. Arbeitsplätze einzurichten und zu räumen,
3. Mengen von Baustoffen und Bauhilfsstoffen zu berechnen sowie Baustoffe und Bauhilfsstoffe einzusetzen,
4. Werkzeuge und Maschinen auszuwählen und einzusetzen,
5. ergonomische, ökologische und ökonomische Gesichtspunkte bei der Durchführung der Arbeiten zu berücksichtigen,
6. Untergründe zu prüfen und vorzubereiten,
7. Pläne, Skizzen und Zeichnungen zu lesen und anzuwenden,
8. Messungen durchzuführen,

9. Bauteile herzustellen sowie
10. sowohl Zwischen- als auch Endergebnisse der durchzuführenden Arbeiten zu kontrollieren, zu bewerten und zu dokumentieren.

Für den Nachweis nach Satz 1 ist eine der folgenden Tätigkeiten zugrunde zu legen:

1. Herstellen einer Einfachständerwand sowie einer geschlossenen Unterdecke mit einer Beplankung aus Trockenbauplatten,
2. Herstellen einer Einfachständerwand sowie einer geschlossenen Deckenbekleidung mit einer Beplankung aus Trockenbauplatten oder
3. Herstellen einer Einfachständerwand und eines Fertigteilestrichs.

Der Prüfungsausschuss legt fest, welche Tätigkeit zugrunde gelegt wird. Der Prüfling hat eine Arbeitsaufgabe durchzuführen und die Durchführung mit praxisüblichen Unterlagen zu dokumentieren. Die Prüfungszeit für die Arbeitsaufgabe und für die Dokumentation beträgt insgesamt 8 Stunden.

(4) Im zweiten Teil hat der Prüfling nachzuweisen, dass er in der Lage ist,

1. Aufträge zu erfassen sowie Arbeitsabläufe unter Beachtung technischer, wirtschaftlicher und organisatorischer Vorgaben zu planen,
2. persönliche Schutzausrüstung zu unterscheiden, auszuwählen und diesbezügliche Vorgaben zu erläutern,
3. das Einrichten oder das Räumen von Arbeitsplätzen unter Beachtung von Gefahrenbereichen auf Baustellen zu erläutern,
4. Baustoffe und Bauhilfsstoffe zu unterscheiden, auszuwählen, deren Mengen zu berechnen sowie die ökologischen Auswirkungen der Baustoffe und Bauhilfsstoffe zu erläutern,
5. Werkzeuge und Maschinen zu unterscheiden und auszuwählen,
6. Maßnahmen zur Vorbereitung und Prüfung von Untergründen zu beschreiben,
7. normgerechte Zeichnungen anzuwenden und bemaßte Skizzen anzufertigen,
8. Messgeräte zu unterscheiden und auszuwählen,
9. Vorschriften des Wärme-, Schall- und Brandschutzes zu unterscheiden,
10. die Durchführung von Ausbauarbeiten zu beschreiben,
11. Verfahren zur sortenreinen Trennung und Lagerung von Abfall- und Reststoffen auf der Baustelle zu beschreiben und dabei kreislaufwirtschaftliche Gesichtspunkte zu berücksichtigen sowie
12. Maßnahmen zur Sicherheit und zum Gesundheitsschutz bei der Arbeit, zum Umweltschutz und zur Qualitätssicherung zu beschreiben.

Für den Nachweis nach Satz 1 sind vier Tätigkeiten aus dem nachfolgend aufgeführten Bereich Ausbauarbeiten und sämtliche Tätigkeiten aus dem Bereich Trockenbauarbeiten zugrunde zu legen:

1. Bereich Ausbauarbeiten:
   a) Unterscheiden und Auswählen von Holz und Holzwerkstoffen,
   b) Unterscheiden von Dämmstoffen und Beschreiben des Einbauens und Rückbauens von Dämmstoffen,
   c) Unterscheiden von Estrichkonstruktionen und Estricharten,
   d) Unterscheiden von Putzen,
   e) Beschreiben des Verlegens von Fliesen und Platten,
   f) Unterscheiden von Trockenbaukonstruktionen oder
   g) Unterscheiden von Konstruktionen im Mauerwerksbau und im Beton- und Stahlbetonbau;

T

2. Bereich Trockenbauarbeiten:
   a) Unterscheiden von Baustoffen im Trockenbau,
   b) Unterscheiden und Auswählen von Bekleidungen und Vorsatzschalen sowie Beschreiben der Herstellung von Bekleidungen und Vorsatzschalen,
   c) Unterscheiden und Auswählen von Einfachständerwänden sowie Beschreiben der Herstellung von Einfachständerwänden sowie
   d) Unterscheiden von Unterdecken und Deckenbekleidungen mit einer Beplankung aus Trockenbauplatten.

Der Prüfungsausschuss legt fest, welche Tätigkeiten aus dem Bereich Ausbauarbeiten nach Satz 2 Nummer 1 zugrunde gelegt werden. Die Aufgaben müssen praxisbezogen sein. Der Prüfling hat die Aufgaben schriftlich zu bearbeiten. Die Prüfungszeit beträgt 120 Minuten.

(5) Bei der Ermittlung des Ergebnisses für den Prüfungsbereich sind die Bewertungen wie folgt zu gewichten:

1. die Bewertung für die Arbeitsaufgabe einschließlich der Dokumentation nach Absatz 3 mit 60 Prozent,
2. die Bewertung für die schriftlichen Aufgaben nach Absatz 4 mit 40 Prozent.

§ 92 Inhalt des Teiles 2

(1) Teil 2 der Abschlussprüfung erstreckt sich auf

1. die im Ausbildungsrahmenplan für die Berufsausbildung zum Ausbaufacharbeiter und zur Ausbaufacharbeiterin im Schwerpunkt Trockenbauarbeiten sowie zum Trockenbaumonteur und zur Trockenbaumonteurin in der Anlage 6 genannten Fertigkeiten, Kenntnisse und Fähigkeiten sowie
2. den im Berufsschulunterricht zu vermittelnden Lehrstoff, soweit er den im Ausbildungsrahmenplan für die Berufsausbildung zum Ausbaufacharbeiter und zur Ausbaufacharbeiterin im Schwerpunkt Trockenbauarbeiten sowie zum Trockenbaumonteur und zur Trockenbaumonteurin in Anlage 6 genannten Fertigkeiten, Kenntnissen und Fähigkeiten entspricht.

(2) In Teil 2 der Abschlussprüfung sollen Fertigkeiten, Kenntnisse und Fähigkeiten, die bereits Gegenstand von Teil 1 der Abschlussprüfung waren, nur insoweit einbezogen werden, als es für die Feststellung der beruflichen Handlungsfähigkeit erforderlich ist.

§ 93 Prüfungsbereiche des Teiles 2

Teil 2 der Gesellen- oder Abschlussprüfung findet in den folgenden Prüfungsbereichen statt:

1. „Herstellen von Trockenbaukonstruktionen",
2. „Durchführen von Trockenbaukonstruktionsarbeiten",
3. „Durchführen von Sanierungsarbeiten und Instandsetzungsarbeiten" und
4. „Wirtschafts- und Sozialkunde".

§ 94 Prüfungsbereich „Herstellen von Trockenbaukonstruktionen"

(1) Im Prüfungsbereich „Herstellen von Trockenbaukonstruktionen" hat der Prüfling nachzuweisen, dass er in der Lage ist,

1. Informationen aus Zeichnungen für die Vorbereitung der eigenen Arbeiten zu erfassen,
2. Höhen-, Lage-, Längen-, Richtungs- und Winkelmessungen durchzuführen,
3. Bauteile unter Beachtung bauphysikalischer Anforderungen herzustellen,
4. Aufmaße zu erstellen sowie
5. Arbeitsergebnisse zu beurteilen und zu dokumentieren.

(2) Für den Nachweis nach Absatz 1 ist eine der folgenden Tätigkeiten zugrunde zu legen:

1. Herstellen einer gegliederten Montagewand und einer akustisch wirksamen Unterdecke,
2. Herstellen einer gegliederten Montagewand und einer akustisch wirksamen Deckenbekleidung,
3. Herstellen einer gegliederten Montagewand und eines Fertigteilestrichs auf mineralischer Schüttung oder
4. Herstellen einer gegliederten Montagewand und Einbau einer Stahlumfassungszarge sowie Einbauen einer akustisch wirksamen Unterdecke.

Der Prüfungsausschuss legt fest, welche Tätigkeit zugrunde gelegt wird.

(3) Der Prüfling hat eine Arbeitsaufgabe durchzuführen und die Durchführung mit praxisüblichen Unterlagen zu dokumentieren.

(4) Die Prüfungszeit für die Arbeitsaufgabe und für die Dokumentation beträgt insgesamt 8 Stunden.

§ 95 Prüfungsbereich „Durchführen von Trockenbaukonstruktionsarbeiten"

(1) Im Prüfungsbereich „Durchführen von Trockenbaukonstruktionsarbeiten" hat der Prüfling nachzuweisen, dass er in der Lage ist,

1. Art und Umfang von Aufträgen zu erfassen sowie Arbeitsabläufe entsprechend der technischen Unterlagen zu planen und zu dokumentieren,
2. Gefährdungen auf Baustellen zu unterscheiden und Schutzmaßnahmen auszuwählen,
3. Zeichnungen für die eigene Arbeitsvorbereitung zu erstellen,
4. Aufmaße zu erstellen,
5. Messverfahren zu unterscheiden und auszuwählen,
6. Prüfverfahren zu unterscheiden und auszuwählen,
7. Qualitätsanforderungen bei der Herstellung von Trockenbauoberflächen zu erläutern sowie
8. Wand-, Decken- und Bodenkonstruktionen unter Beachtung bauphysikalischer Anforderungen zu unterscheiden und auszuwählen.

(2) Die Aufgaben müssen praxisbezogen sein. Der Prüfling hat die Aufgaben schriftlich zu bearbeiten.

(3) Die Prüfungszeit beträgt 90 Minuten.

T

§ 96 Prüfungsbereich „Durchführen von Sanierungsarbeiten und Instandsetzungsarbeiten"

(1) Im Prüfungsbereich „Durchführen von Sanierungsarbeiten und Instandsetzungsarbeiten" hat der Prüfling nachzuweisen, dass er in der Lage ist,

1. Art und Umfang von Aufträgen zu erfassen sowie Arbeitsabläufe entsprechend der technischen Unterlagen zu planen und zu dokumentieren,
2. Gefährdungen auf Baustellen zu unterscheiden und Schutzmaßnahmen auszuwählen,
3. Zeichnungen für die eigene Arbeitsvorbereitung zu erstellen,
4. Aufmaße zu erstellen,
5. Messverfahren zu unterscheiden und auszuwählen,
6. Prüfverfahren zu unterscheiden und auszuwählen,
7. Plattenoberflächen entsprechend der geforderten Qualitätsanforderungen zu unterscheiden und auszuwählen,
8. Wand-, Decken- und Bodenkonstruktionen unter Beachtung bauphysikalischer Anforderungen zu unterscheiden und auszuwählen,
9. Konstruktionen zur Aufnahme von Konsollasten zu unterscheiden und auszuwählen,
10. Abdichtungen im Verbund zu unterscheiden und zu beschreiben,
11. Barrierefreiheit bei der Planung und Konstruktion von Sanitärräumen zu berücksichtigen,
12. anhand wärmeschutztechnischer Vorgaben die Dämmkonstruktionen zu ermitteln,
13. Konstruktionen zur Beplankung und Dämmung von Dachschrägen und Kehlbalkendecken zu unterscheiden und auszuwählen,
14. Schäden an Trockenbaukonstruktionen zu analysieren und den Ist-Zustand zu dokumentieren sowie Maßnahmen zur Schadensbegrenzung zu erläutern sowie
15. Verfahren zur Sanierung von Trockenbaukonstruktionen zu unterscheiden und auszuwählen.

(2) Die Aufgaben müssen praxisbezogen sein. Der Prüfling hat die Aufgaben schriftlich zu bearbeiten.

(3) Die Prüfungszeit beträgt 90 Minuten.

§ 97 Prüfungsbereich „Wirtschafts- und Sozialkunde"

(1) Im Prüfungsbereich „Wirtschafts- und Sozialkunde" hat der Prüfling nachzuweisen, dass er in der Lage ist, allgemeine wirtschaftliche und gesellschaftliche Zusammenhänge der Berufs- und Arbeitswelt darzustellen und zu beurteilen.

(2) Die Aufgaben müssen praxisbezogen sein. Der Prüfling hat die Aufgaben schriftlich zu bearbeiten.

(3) Die Prüfungszeit beträgt 60 Minuten.

§ 98 Gewichtung der Prüfungsbereiche und Anforderungen für das Bestehen der Gesellen- oder Abschlussprüfung

(1) Die Bewertungen der einzelnen Prüfungsbereiche sind wie folgt zu gewichten:

1. „Herstellen von Baukörpern und Durchführen von Ausbauarbeiten" mit 40 Prozent,
2. „Herstellen von Trockenbaukonstruktionen" mit 30 Prozent,
3. „Durchführen von Trockenbaukonstruktionsarbeiten" mit 10 Prozent,
4. „Durchführen von Sanierungsarbeiten und Instandsetzungsarbeiten" mit 10 Prozent sowie
5. „Wirtschafts- und Sozialkunde" mit 10 Prozent.

(2) Die Abschlussprüfung ist bestanden, wenn die Prüfungsleistungen – auch unter Berücksichtigung einer mündlichen Ergänzungsprüfung nach § 99 – wie folgt bewertet worden sind:

1. im Gesamtergebnis von Teil 1 und Teil 2 mit mindestens „ausreichend",
2. im Ergebnis von Teil 2 mit mindestens „ausreichend",
3. im Prüfungsbereich „Herstellen von Trockenbaukonstruktionen" mit mindestens „ausreichend",
4. in mindestens zwei weiteren Prüfungsbereichen von Teil 2 mit mindestens „ausreichend" und
5. in keinem Prüfungsbereich von Teil 2 mit „ungenügend".

Über das Bestehen ist ein Beschluss nach § 42 Absatz 1 Nummer 3 des Berufsbildungsgesetzes zu fassen.

§ 99 Mündliche Ergänzungsprüfung

(1) Der Prüfling kann in einem Prüfungsbereich eine mündliche Ergänzungsprüfung beantragen.

(2) Dem Antrag ist stattzugeben,

1. wenn er für einen der folgenden Prüfungsbereiche gestellt worden ist:
   a) „Durchführen von Trockenbaukonstruktionsarbeiten",
   b) „Durchführen von Sanierungsarbeiten und Instandsetzungsarbeiten" oder
   c) „Wirtschafts- und Sozialkunde",
2. wenn der Prüfungsbereich nach Nummer 1 Buchstabe a, Buchstabe b oder Buchstabe c schlechter als mit „ausreichend" bewertet worden ist und
3. wenn die mündliche Ergänzungsprüfung für das Bestehen der Abschlussprüfung den Ausschlag geben kann.

Die mündliche Ergänzungsprüfung darf nur in dem Prüfungsbereich nach Satz 1 Nummer 1 Buchstabe a, Buchstabe b oder Buchstabe c durchgeführt werden.

(3) Unbeschadet des Absatzes 2 Satz 1 Nummer 3 darf eine mündliche Ergänzungsprüfung in dem Prüfungsbereich nach Absatz 2 Satz 1 Nummer 1 Buchstabe c auch dann durchgeführt werden, wenn sie für den Erwerb des Abschlusses nach § 101 den Ausschlag geben kann.

(4) Die mündliche Ergänzungsprüfung soll 15 Minuten dauern.

(5) Bei der Ermittlung des Ergebnisses für den Prüfungsbereich sind das bisherige Ergebnis und das Ergebnis der mündlichen Ergänzungsprüfung im Verhältnis 2 : 1 zu gewichten.

AB

Unterabschnitt 2: Weitere Berufsausbildungen

§ 100 Befreiung von Teil 1 der Gesellen- oder Abschlussprüfung und Anrechnung von Ausbildungszeiten

Bei erfolgreich abgeschlossener Berufsausbildung zum Ausbaufacharbeiter und zur Ausbaufacharbeiterin nach § 22 Absatz 2 ist

1. der oder die Auszubildende von Teil 1 der Abschlussprüfung zum Trockenbaumonteur und zur Trockenbaumonteurin befreit und
2. diese Ausbildung im Umfang von 24 Monaten auf die Dauer der Berufsausbildung zum Trockenbaumonteur und zur Trockenbaumonteurin anzurechnen, wenn die Vertragsparteien dies vereinbaren.

§ 101 Erwerb des Abschlusses zum Ausbaufacharbeiter und zur Ausbaufacharbeiterin nach nichtbestandener Abschlussprüfung zum Trockenbaumonteur und zur Trockenbaumonteurin

Besteht der Prüfling die Prüfung im Falle der Berufsausbildung zum Trockenbaumonteur und zur Trockenbaumonteurin nach § 98 Absatz 2 nicht, erwirbt er auf seinen Antrag den Abschluss zum Ausbaufacharbeiter und zur Ausbaufacharbeiterin nach Abschnitt 2, wenn

1. er in Teil 1 der Abschlussprüfung mindestens ausreichende Prüfungsleistungen erbracht hat und
2. die Ergebnisse der in Nummer 1 bezeichneten Prüfung sowie das Ergebnis im Prüfungsbereich „Wirtschafts- und Sozialkunde" nach § 98 – auch unter Berücksichtigung einer mündlichen Ergänzungsprüfung nach § 99 – jeweils die Anforderungen nach § 22 Absatz 2 erfüllen.

Abschnitt 9: Schlussvorschriften

§ 102 Übergangsregelung für Ausbaufacharbeiter und Ausbaufacharbeiterinnen

Bei erfolgreich abgelegter Gesellen- oder Abschlussprüfung zum Ausbaufacharbeiter oder zur Ausbaufacharbeiterin nach der Verordnung über die Berufsausbildung in der Bauwirtschaft vom 2. Juli 1999 (BGBl. I S. 1102), die zuletzt durch Artikel 1 der Verordnung vom 20. Februar 2009 (BGBl. I S. 399) geändert worden ist, sind bis zum Ablauf des 31. Juli 2030 bei Fortsetzung der Berufsausbildung

[...]

6. zum Trockenbaumonteur oder zur Trockenbaumonteurin

nach § 16 Absatz 8 der Verordnung über die Berufsausbildung in der Bauwirtschaft deren Regelungen anzuwenden.

Artikel 4

Inkrafttreten, Außerkrafttreten

Diese Verordnung tritt am 1. August 2026 in Kraft. Gleichzeitig tritt die Verordnung über die Berufsausbildung in der Bauwirtschaft vom 2. Juni 1999 (BGBl. I S. 1102), die zuletzt durch Artikel 1 der Verordnung vom 20. Februar 2009 (BGBl. I S. 399) geändert worden ist außer Kraft.

AB

2.2 Übersicht über die zeitlichen Richtwerte

▶ 1. Ausbildungsjahr

Abschnitt A:

- schwerpunktübergreifende Fertigkeiten, Kenntnisse und Fähigkeiten (§ 4 Absatz 2),
- Fertigkeiten, Kenntnisse und Fähigkeiten im Schwerpunkt Trockenbauarbeiten im Ausbildungsberufsbild Ausbaufacharbeiter und Ausbaufacharbeiterin (§ 4 Absatz 4 Nummer 6) sowie
- Fertigkeiten, Kenntnisse und Fähigkeiten im Ausbildungsberufsbild Trockenbaumonteur und Trockenbaumonteurin (§ 10 Absatz 2)

Lfd. Nr.	Teil des Ausbildungsberufsbildes (Berufsbildpositionen)	ÜBA*	Zeitliche Richtwerte in Wochen im 1. bis 12. Monat
1	Übernehmen von Arbeitsaufträgen und kundenorientierte Kommunikation		2
2	Planen, Vorbereiten und Organisieren von Arbeitsaufgaben		
3	Einrichten, Sichern, Unterhalten und Räumen von Baustellen		4
4	Bedienen und Instandhalten von Werkzeugen, Maschinen und Anlagen		
5	Prüfen, Lagern und Auswählen von Baustoffen und Bauhilfsstoffen		
6	Lesen und Anwenden von Plänen und Zeichnungen, Anfertigen von Skizzen, auch digital		4
7	Durchführen von Messungen mittels sowohl analoger als auch digitaler Messgeräte		
8	Bearbeiten von Holz und Holzwerkstoffen sowie Herstellen von Holzbauteilen	X	8
9	Herstellen von Bauteilen aus Beton und Stahlbeton	X	
10	Herstellen von Baukörpern aus Steinen	X	
11	Durchführen von Energieeffizienzmaßnahmen sowie Maßnahmen zum Schall- und Brandschutz in und an Bauwerken und Bauteilen	X	30
12	Herstellen von Putzen	X	
13	Herstellen von Estrichen	X	
14	Ansetzen und Verlegen von Fliesen und Platten	X	
15	Herstellen von Bauteilen im Trockenbau	X	
16	Umbauen und Rückbauen von Baukörpern		2
17	Durchführen von qualitätssichernden Maßnahmen und Übergeben der Leistungen		2
		Wochen insgesamt:	**52**

* ÜBA = Berufsbildposition wird im Rahmen der überbetrieblichen Ausbildung ergänzt und vertieft. Im ersten Ausbildungsjahr beträgt die überbetriebliche Ausbildung mindestens 13 Wochen und kann bis zu maximal 16 Wochen ergänzt werden.

▶ 2. Ausbildungsjahr

Abschnitt B:

- **schwerpunktübergreifende Fertigkeiten, Kenntnisse und Fähigkeiten (§ 4 Absatz 2),**
- **Fertigkeiten, Kenntnisse und Fähigkeiten im Schwerpunkt Trockenbauarbeiten im Ausbildungsberufsbild Ausbaufacharbeiter und Ausbaufacharbeiterin (§ 4 Absatz 4 Nummer 6) sowie**
- **Fertigkeiten, Kenntnisse und Fähigkeiten im Ausbildungsberufsbild Trockenbaumonteur und Trockenbaumonteurin (§ 8 Absatz 2)**

Lfd. Nr.	Teil des Ausbildungsberufsbildes (Berufsbildpositionen)	ÜBA*	Zeitliche Richtwerte in Wochen im 13. bis 24. Monat
1	Übernehmen von Arbeitsaufträgen und kundenorientierte Kommunikation		2
2	Planen, Vorbereiten und Organisieren von Arbeitsaufgaben		
3	Einrichten, Sichern, Unterhalten und Räumen von Baustellen		4
4	Bedienen und Instandhalten von Werkzeugen, Maschinen und Anlagen		
5	Prüfen, Lagern und Auswählen von Baustoffen und Bauhilfsstoffen		
6	Lesen und Anwenden von Plänen und Zeichnungen, Anfertigen von Skizzen, auch digital		4
7	Durchführen von Messungen mittels sowohl analoger als auch digitaler Messgeräte		
8	Prüfen, Bewerten und Vorbereiten von Untergründen		2
9	Bearbeiten von Holz und Holzwerkstoffen sowie Herstellen von Holzbauteilen	X	6
10	Herstellen von Baukörpern aus Steinen	X	
11	Durchführen von Energieeffizienzmaßnahmen sowie Maßnahmen zum Schall- und Brandschutz in und an Bauwerken und Bauteilen	X	4
12	Herstellen von Putzen	X	4
13	Herstellen von Bauteilen im Trockenbau	X	20
14	Umbauen und Rückbauen von Baukörpern		4
15	Durchführen von qualitätssichernden Maßnahmen und Übergeben der Leistungen		2
		Wochen insgesamt:	**52**

* ÜBA = Berufsbildposition wird im Rahmen der überbetrieblichen Ausbildung ergänzt und vertieft. Im zweiten Ausbildungsjahr beträgt die überbetriebliche Ausbildung mindestens elf Wochen und kann bis zu maximal 13 Wochen ergänzt werden.

T

▶ 3. Ausbildungsjahr

Abschnitt C:

Fertigkeiten, Kenntnisse und Fähigkeiten im Ausbildungsberufsbild Trockenbaumonteur und Trockenbaumonteurin (§ 10 Absatz 2)

Lfd. Nr.	Teil des Ausbildungsberufsbildes (Berufsbildpositionen)	ÜBA*	Zeitliche Richtwerte in Wochen im 25. bis 36. Monat
1	Übernehmen von Arbeitsaufträgen und kundenorientierte Kommunikation		6
2	Planen, Vorbereiten und Organisieren von Arbeitsaufgaben		
3	Einrichten, Sichern, Unterhalten und Räumen von Baustellen		
4	Bedienen und Instandhalten von Werkzeugen, Maschinen und Anlagen	X	2
5	Ausbauen von Feuchträumen	X	8
6	Ausbauen von Dachgeschossen	X	8
7	Herstellen von Sonderdecken	X	8
8	Herstellen von Brandschutzkonstruktionen	X	6
9	Herstellen von Strahlenschutzkonstruktionen	X	2
10	Herstellen von Bauteilen und Sonderkonstruktionen im Trockenbau	X	4
11	Sanieren und Instandhalten von Trockenbaukonstruktionen		4
12	Durchführen von qualitätssichernden Maßnahmen und Übergeben der Leistungen		4
		Wochen insgesamt:	**52**

* ÜBA = Berufsbildposition wird im Rahmen der überbetrieblichen Ausbildung ergänzt und vertieft. Im dritten Ausbildungsjahr beträgt die überbetriebliche Ausbildung mindestens sechs Wochen und kann bis zu maximal zehn Wochen ergänzt werden.

AB

▶ während der gesamten Ausbildungszeit

Abschnitt D:

integrativ zu vermittelnde Fertigkeiten, Kenntnisse und Fähigkeiten (§ 4 Absatz 3 und § 10 Absatz 3)

Lfd. Nr.	Teil des Ausbildungsberufsbildes (Berufsbildpositionen)	Zeitliche Zuordnung
1	Organisation des Ausbildungsbetriebes, Berufsbildung sowie Arbeits- und Tarifrecht	während der gesamten Ausbildung
2	Sicherheit und Gesundheit bei der Arbeit	
3	Umweltschutz und Nachhaltigkeit	
4	digitalisierte Arbeitswelt	

AB

2.3 Berufsbildpositionen im zeitlichen Verlauf

Einige Berufsbildpositionen aus dem ersten Ausbildungsjahr werden im zweiten und teilweise im dritten Ausbildungsjahr fortgeführt. Entsprechend wird auch die Buchstabierung der Lernziele im Ausbildungsrahmenplan fortgeführt.

<table>
<tr><th colspan="2">Ausbaufacharbeiter/-in (Schwerpunkt Trockenbauarbeiten)</th><th></th></tr>
<tr><th colspan="3">Trockenbaumonteur/-in</th></tr>
<tr><th>1. Ausbildungsjahr</th><th>2. Ausbildungsjahr</th><th>3. Ausbildungsjahr</th></tr>
<tr><td colspan="3">Übernehmen von Arbeitsaufträgen und kundenorientierte Kommunikation</td></tr>
<tr><td colspan="3">Planen, Vorbereiten und Organisieren von Arbeitsaufgaben</td></tr>
<tr><td colspan="3">Einrichten, Sichern, Unterhalten und Räumen von Baustellen</td></tr>
<tr><td colspan="3">Bedienen und Instandhalten von Werkzeugen, Maschinen und Anlagen</td></tr>
<tr><td colspan="2">Prüfen, Lagern und Auswählen von Baustoffen und Bauhilfsstoffen</td><td></td></tr>
<tr><td colspan="2">Lesen und Anwenden von Plänen und Zeichnungen,
Anfertigen von Skizzen, auch digital</td><td></td></tr>
<tr><td colspan="2">Durchführen von Messungen mittels sowohl analoger als auch digitaler Messgeräte</td><td></td></tr>
<tr><td colspan="2">Bearbeiten von Holz und Holzwerkstoffen sowie Herstellen von Holzbauteilen</td><td></td></tr>
<tr><td>Herstellen von Bauteilen aus Beton und Stahlbeton</td><td colspan="2"></td></tr>
<tr><td colspan="2">Herstellen von Baukörpern aus Steinen</td><td></td></tr>
<tr><td colspan="2">Durchführen von Energieeffizienzmaßnahmen sowie Maßnahmen zum Schall- und Brandschutz in und an Bauwerken und Bauteilen</td><td></td></tr>
<tr><td colspan="2">Herstellen von Putzen</td><td></td></tr>
<tr><td>Herstellen von Estrichen</td><td colspan="2"></td></tr>
<tr><td>Ansetzen und Verlegen von Fliesen und Platten</td><td colspan="2"></td></tr>
<tr><td colspan="2">Herstellen von Bauteilen im Trockenbau</td><td></td></tr>
<tr><td colspan="2">Umbauen und Rückbauen von Baukörpern</td><td></td></tr>
<tr><td></td><td>Prüfen, Bewerten und Vorbereiten von Untergründen</td><td></td></tr>
<tr><td colspan="2"></td><td>Ausbauen von Feuchträumen</td></tr>
<tr><td colspan="2"></td><td>Ausbauen von Dachgeschossen</td></tr>
<tr><td colspan="2"></td><td>Herstellen von Sonderdecken</td></tr>
<tr><td colspan="2"></td><td>Herstellen von Brandschutzkonstruktionen</td></tr>
<tr><td colspan="2"></td><td>Herstellen von Strahlenschutzkonstruktionen</td></tr>
<tr><td colspan="2"></td><td>Herstellen von Bauteilen und Sonderkonstruktionen im Trockenbau</td></tr>
<tr><td colspan="2"></td><td>Sanieren und Instandhalten von Trockenbaukonstruktionen</td></tr>
<tr><td colspan="3">Durchführen von qualitätssichernden Maßnahmen und Übergeben der Leistungen</td></tr>
<tr><td colspan="3">Die Standardberufsbildpositionen werden ergänzend über alle drei Jahre vermittelt.</td></tr>
</table>

2.4 Ausbildungsrahmenplan

Im Folgenden ist für den Beruf Ausbaufacharbeiter/-in im Schwerpunkt Trockenbauarbeiten (1. und 2. Ausbildungsjahr) sowie für den Beruf Trockenbaumonteur/-in (1. bis 3. Ausbildungsjahr) Anlage 6 der Ausbauberufeausbildungsverordnung – AusbauBAusbV abgebildet (Ausbildungsrahmenplan).

AB

▶ Abschnitt A: 1. Ausbildungsjahr

- schwerpunktübergreifende Fertigkeiten, Kenntnisse und Fähigkeiten (§ 4 Absatz 2),
- Fertigkeiten, Kenntnisse und Fähigkeiten im Schwerpunkt Trockenbauarbeiten im Ausbildungsberufsbild Ausbaufacharbeiter und Ausbaufacharbeiterin (§ 4 Absatz 4 Nummer 6) sowie
- Fertigkeiten, Kenntnisse und Fähigkeiten im Ausbildungsberufsbild Trockenbaumonteur und Trockenbaumonteurin (§ 10 Absatz 2)

* in Wochen, im 1. bis 12. Monat

	Teil des Ausbildungsberufsbildes/ Zu vermittelnde Fertigkeiten, Kenntnisse und Fähigkeiten	Zeitliche Richtwerte*
1	**Übernehmen von Arbeitsaufträgen und kundenorientierte Kommunikation (§ 4 Absatz 2 Satz 1 Nummer 1 sowie § 10 Absatz 2 Satz 1 Nummer 1)**	**2**
a)	Informationen zu Aufträgen aufnehmen, wiedergeben und auswerten	
b)	Gespräche situations- und adressatengerecht führen	
c)	durch eigenes Verhalten zur Kundenzufriedenheit und zum Betriebserfolg beitragen	
2	**Planen, Vorbereiten und Organisieren von Arbeitsaufgaben (§ 4 Absatz 2 Satz 1 Nummer 2 sowie § 10 Absatz 2 Satz 1 Nummer 2)**	
a)	Arbeitsschritte, Sicherungsmaßnahmen und Einsatz von Arbeitsmitteln planen	
b)	Betriebsanweisungen und technische Unterlagen, insbesondere Materiallisten, Betriebsanleitungen, Herstellerangaben, Normen, Sicherheitsregeln und Arbeitsanweisungen, anwenden	
c)	Witterungs- und Klimabedingungen bei der Planung von Arbeiten berücksichtigen	
d)	Arbeitsaufgaben im Team bearbeiten	
e)	Arbeitsaufgaben mit Hilfe von Informations- und Kommunikationssystemen lösen sowie analoge und digitale Informationen zu Bauteilen und zum Bauprozess berücksichtigen	
3	**Einrichten, Sichern, Unterhalten und Räumen von Baustellen (§ 4 Absatz 2 Satz 1 Nummer 3 sowie § 10 Absatz 2 Satz 1 Nummer 3)**	**4**
a)	Arbeitsplatz einrichten und unterhalten	
b)	ergonomische Gesichtspunkte bei der Einrichtung der Baustelle berücksichtigen	
c)	Verkehrs-, Transportwege und Lagerflächen auf ihre Eignung zur Nutzung beurteilen	
d)	Belüftung von Arbeitsräumen sicherstellen und Maßnahmen zur Vermeidung von Gefährdungen ergreifen	
e)	Materialien und Maschinen vor Witterungseinflüssen und Beschädigungen schützen sowie vor Diebstahl und unbefugtem Zugang sichern und für den Transport vorbereiten	
f)	vorangegangene Leistungen, auch anderer Gewerke, auf Sicht prüfen, Ergebnisse der Prüfung weiterleiten	

AB

* in Wochen, im 1. bis 12. Monat

	Teil des Ausbildungsberufsbildes/ Zu vermittelnde Fertigkeiten, Kenntnisse und Fähigkeiten	Zeitliche Richtwerte*
g)	Gefahrenbereiche auf Baustellen erkennen	
h)	persönliche Schutzausrüstung entsprechend der Gefährdungsbeurteilung auswählen und verwenden sowie Sicherheits- und Gesundheitspläne beachten	
i)	Arbeits- und Schutzgerüste nach Vorgaben aufbauen, unterhalten und abbauen	
j)	die Betriebssicherheit von Arbeits- und Schutzgerüsten vor der Verwendung auf Sicht prüfen	
k)	Lichtquellen für den eigenen Arbeitsplatz einsetzen	
l)	Sicherheitsmaßnahmen beim Umgang mit elektrischem Strom ergreifen	
m)	Gefährdung durch Freileitungen beachten	
n)	Sofortmaßnahmen zur Versorgung von verletzten Personen bei Arbeitsunfällen ergreifen, Unfallstelle sichern	
o)	Gefahrstoffe in Baustoffen und Bauhilfsstoffen unterscheiden, Schutzmaßnahmen ergreifen, Gefahrstoffe umweltgerecht lagern und Entsorgung veranlassen	
4	**Bedienen und Instandhalten von Werkzeugen, Maschinen und Anlagen (§ 4 Absatz 2 Satz 1 Nummer 4, § 4 Absatz 4 Nummer 6 Buchstabe a sowie § 10 Absatz 2 Satz 1 Nummer 4)**	
a)	Werkzeuge und Maschinen auswählen, auf Funktionsfähigkeit prüfen, pflegen und warten	
b)	Werkzeuge und Maschinen unter Verwendung der Schutzeinrichtungen und unter Beachtung des Schutzes vor Emissionen bedienen	
5	**Prüfen, Lagern und Auswählen von Baustoffen und Bauhilfsstoffen (§ 4 Absatz 2 Satz 1 Nummer 5 sowie § 10 Absatz 2 Satz 1 Nummer 5)**	
a)	den Einsatz von Baustoffen und Bauhilfsstoffen auf deren ökologische Auswirkungen reflektieren	
b)	Baustoffe und Bauhilfsstoffe, Fertigteile sowie Ein- und Anbauteile auf Verwendbarkeit und auf Fehler sichtprüfen	
c)	Baustoffe und Bauhilfsstoffe, Fertigteile sowie Ein- und Anbauteile anfordern, auf der Baustelle transportieren, bereitstellen und lagern	
d)	Arbeitsanweisungen beim Umgang mit Baustoffen und Bauhilfsstoffen, Fertigteilen sowie Ein- und Anbauteilen, insbesondere bei Gefahrstoffen, anwenden	
6	**Lesen und Anwenden von Plänen und Zeichnungen, Anfertigen von Skizzen, auch digital (§ 4 Absatz 2 Satz 1 Nummer 6 sowie § 10 Absatz 2 Satz 1 Nummer 6)**	
a)	Pläne und Zeichnungen lesen und anwenden	
b)	Skizzen anfertigen und anwenden	
c)	Mengen anhand von Plänen und Zeichnungen ermitteln	4
7	**Durchführen von Messungen mittels sowohl analoger als auch digitaler Messgeräte (§ 4 Absatz 2 Satz 1 Nummer 7 sowie § 10 Absatz 2 Satz 1 Nummer 7)**	
a)	Messgeräte auswählen und Funktionsfähigkeit sicherstellen	
b)	Längen, Höhen und Winkel anlegen, messen, sichern, prüfen und übertragen	

AB

* in Wochen, im 1. bis 12. Monat

Teil des Ausbildungsberufsbildes/ Zu vermittelnde Fertigkeiten, Kenntnisse und Fähigkeiten		Zeitliche Richt-werte*
c)	Geraden ausfluchten	
d)	Messpunkte anlegen und sichern	
e)	Bauteile und Flächen einmessen	
8	**Bearbeiten von Holz und Holzwerkstoffen sowie Herstellen von Holzbauteilen (§ 4 Absatz 2 Satz 1 Nummer 8 sowie § 10 Absatz 2 Satz 1 Nummer 8)**	8
a)	Holz und Holzwerkstoffe nach Material und Verwendungszweck unterscheiden und auswählen	
b)	Untergründe für die Abdichtung auf Ebenheit, Trockenheit und Festigkeit prüfen, säubern und Mängel dokumentieren und anzeigen	
c)	Holz mit werkstoffspezifischen Werkzeugen bearbeiten	
d)	Verbindungen, insbesondere durch Nageln und Schrauben, herstellen	
e)	Holzbauteile, insbesondere unter Berücksichtigung des konstruktiven Holzschutzes, montieren	
f)	Holz, Holzwerkstoffe und Holzbauteile witterungsgeschützt lagern	
9	**Herstellen von Bauteilen aus Beton und Stahlbeton (§ 4 Absatz 2 Satz 1 Nummer 9 sowie § 10 Absatz 2 Satz 1 Nummer 9)**	
a)	Schalungen für rechteckige Bauteile herstellen, mit Trennmitteln behandeln und betonierfähig aufbauen	
b)	Bewehrungsstahl zuschneiden, biegen, binden und einbauen	
c)	Beton nach Anforderung herstellen und die Verarbeitbarkeit auf Sicht prüfen	
d)	Beton von Hand einbringen, verdichten, abziehen und nachbehandeln	
e)	Schalungen rückbauen, reinigen und lagern	
10	**Herstellen von Baukörpern aus Steinen (§ 4 Absatz 2 Satz 1 Nummer 10 sowie § 10 Absatz 2 Satz 1 Nummer 10)**	
a)	Mörtel nach Anforderungen herstellen und auf Verarbeitbarkeit prüfen	
b)	Steine nach Materialien, Eigenschaften und Verwendungszweck unterscheiden und auswählen	
c)	Untergründe auf Ebenheit, Trockenheit und Festigkeit prüfen, säubern und Mängel dokumentieren und anzeigen	
d)	Mauerwerk aus künstlichen Steinen in unterschiedlichen Formaten herstellen, dabei Verbandsarten unterscheiden	
e)	Baukörper aus Steinen vor Witterung schützen	
f)	Baukörper aus Steinen vor Feuchtigkeit schützen, insbesondere horizontale Abdichtung erstellen	
11	**Durchführen von Energieeffizienzmaßnahmen sowie Maßnahmen zum Schall- und Brandschutz in und an Bauwerken und Bauteilen (§ 4 Absatz 2 Satz 1 Nummer 11, § 4 Absatz 4 Nummer 6 Buchstabe b sowie § 10 Absatz 2 Satz 1 Nummer 11)**	30
a)	Dämmstoffe nach Materialien und Verwendungszweck, insbesondere für Boden-, Wand-, Decken- und Dachkonstruktionen, unterscheiden, lagern und vorbereiten	

AB

* in Wochen, im 1. bis 12. Monat

Teil des Ausbildungsberufsbildes/ Zu vermittelnde Fertigkeiten, Kenntnisse und Fähigkeiten		Zeitliche Richt- werte*
b)	Voraussetzungen zum Einbauen von Dämmstoffen prüfen, Untergrund vorbereiten	
c)	Dämmstoffe zuschneiden und einbauen	
12	**Herstellen von Putzen (§ 4 Absatz 2 Satz 1 Nummer 12 sowie § 10 Absatz 2 Satz 1 Nummer 12)**	
a)	Putzsysteme und Putzarten unterscheiden	
b)	Untergrund auf Haft- und Tragfähigkeit sowie Maßhaltigkeit prüfen	
c)	Untergrund zur Verbesserung der Haft- und Tragfähigkeit nach Vorgaben vorbereiten	
d)	Putzprofile, insbesondere Eckprofile, ansetzen und Einbauteile einbauen	
e)	Putzmörtel auswählen, herstellen und auftragen	
f)	Wand-, Decken- und Bodenanschlüsse herstellen	
g)	einlagige Putzflächen herstellen	
13	**Herstellen von Estrichen (§ 4 Absatz 2 Satz 1 Nummer 13 sowie § 10 Absatz 2 Satz 1 Nummer 13)**	
a)	Estrichkonstruktionen und Estricharten unterscheiden	
b)	Untergrund prüfen, säubern und ausgleichen	
c)	Untergrund zur Verbesserung der Haft-, Saug- und Tragfähigkeit vorbehandeln	
d)	Trenn- und Dämmschichten einbauen	
e)	Aussparungen herstellen und einbringen	
f)	Höhenlehren ausrichten	
g)	Fugen ausbilden	
h)	Estrichmörtel herstellen	
i)	Estrichmörtel einbringen, verdichten, abziehen und glätten	
j)	Estrich nachbehandeln	
14	**Ansetzen und Verlegen von Fliesen und Platten (§ 4 Absatz 2 Satz 1 Nummer 14 sowie § 10 Absatz 2 Satz 1 Nummer 14)**	
a)	Untergrund prüfen, säubern und ausgleichen	
b)	Untergrund zur Verbesserung der Haft- und Tragfähigkeit vorbehandeln	
c)	Kleber und Mörtel verarbeiten	
d)	Fliesen schneiden, ansetzen, verlegen und verfugen, insbesondere im Dünnbettverfahren	
e)	Ausschnitte und Löcher in Fliesen herstellen	
f)	Wand-, Decken- und Bodenanschlüsse herstellen	

AB

* in Wochen, im 1. bis 12. Monat

Teil des Ausbildungsberufsbildes/ Zu vermittelnde Fertigkeiten, Kenntnisse und Fähigkeiten		Zeitliche Richt-werte*
15	**Herstellen von Bauteilen im Trockenbau (§ 4 Absatz 2 Satz 1 Nummer 15, § 4 Absatz 4 Nummer 6 Buchstabe c sowie § 10 Absatz 2 Satz 1 Nummer 15)**	
a)	Trockenbaukonstruktionen unterscheiden	
b)	Untergründe prüfen und vorbehandeln	
c)	Untergründe auf Haft- und Tragfähigkeit sowie Maßhaltigkeit prüfen und Untergründe säubern	
d)	Wand-Trockenputz ansetzen	
e)	Befestigungsmittel einsetzen	
f)	Unterkonstruktionen für Einfachständerwände, insbesondere mit Profilen aus Stahlblech, herstellen	
g)	Beplankungen, insbesondere mit Trockenbauplatten, herstellen und Fugen verspachteln	
h)	Wand-, Boden- und Deckenanschlüsse herstellen	
16	**Umbauen und Rückbauen von Baukörpern (§ 4 Absatz 2 Satz 1 Nummer 16 sowie § 10 Absatz 2 Satz 1 Nummer 16)**	
a)	Baupläne beachten und mit örtlichen Gegebenheiten abgleichen	
b)	tragende und nichttragende Bauteile unterscheiden	**2**
c)	nichttragende Bauteile manuell nach Vorgabe rückbauen	
d)	Öffnungen in Decken und Wänden mit handgeführten Werkzeugen herstellen, Öffnungen sichern	
e)	Gefährdungspotentiale, insbesondere durch Asbest und Stäube, erkennen und Maßnahmen veranlassen	
17	**Durchführen von qualitätssichernden Maßnahmen und Übergeben der Leistungen (§ 4 Absatz 2 Satz 1 Nummer 17 sowie § 10 Absatz 2 Satz 1 Nummer 17)**	
a)	eigene Arbeiten anhand von Vorgaben prüfen	**2**
b)	Zwischenergebnisse dokumentieren	
c)	Zusammenhänge zwischen Qualität, Kundenzufriedenheit und Betriebserfolg berücksichtigen	

▶ Abschnitt B: 2. Ausbildungsjahr

- schwerpunktübergreifende Fertigkeiten, Kenntnisse und Fähigkeiten (§ 4 Absatz 2),
- Fertigkeiten, Kenntnisse und Fähigkeiten im Schwerpunkt Trockenbauarbeiten im Ausbildungsberufsbild Ausbaufacharbeiter und Ausbaufacharbeiterin (§ 4 Absatz 4 Nummer 6) sowie
- Fertigkeiten, Kenntnisse und Fähigkeiten im Ausbildungsberufsbild Trockenbaumonteur und Trockenbaumonteurin (§ 10 Absatz 2)

* in Wochen, im 13. bis 24. Monat

Teil des Ausbildungsberufsbildes/ Zu vermittelnde Fertigkeiten, Kenntnisse und Fähigkeiten		Zeitliche Richtwerte*
1	**Übernehmen von Arbeitsaufträgen und kundenorientierte Kommunikation (§ 4 Absatz 2 Satz 1 Nummer 1 sowie § 10 Absatz 2 Satz 1 Nummer 1)**	2
d)	Arbeitsaufträge hinsichtlich der Kundenanforderungen und betrieblichen Vorgaben auf Umsetzbarkeit prüfen und mit betrieblich beteiligten Personen abstimmen	
e)	technische Regelwerke, Bauvorschriften und allgemeine technische Vertragsbedingungen für Bauleistungen berücksichtigen	
f)	Wünsche und Einwände von Kunden und Kundinnen oder betrieblich beteiligten Personen entgegennehmen und weiterleiten	
2	**Planen, Vorbereiten und Organisieren von Arbeitsaufgaben (§ 4 Absatz 2 Satz 1 Nummer 2 sowie § 10 Absatz 2 Satz 1 Nummer 2)**	
f)	Arbeitsabläufe unter Berücksichtigung ergonomischer, ökologischer und ökonomischer Gesichtspunkte festlegen und vorbereiten	
g)	digitale Endgeräte für die Planung und Durchführung der eigenen Arbeitsschritte nutzen	
h)	Leistungen anderer Gewerke bei der Planung einbeziehen und Vorleistungen berücksichtigen	
i)	Aufgaben im Team planen, mit weiteren Beteiligten abstimmen und umsetzen, Ergebnisse der Zusammenarbeit auswerten	
j)	Zeitaufwand und personelle Unterstützung abschätzen	
k)	ressourcenschonende Verwendung von Baustoffen planen und ausführen	
l)	Fachbegriffe, auch fremdsprachliche, auftragsbezogen anwenden	
m)	Informationen, insbesondere technische Merkblätter und Gebrauchsanleitungen, auswählen und nutzen	
3	**Einrichten, Sichern, Unterhalten und Räumen von Baustellen (§ 4 Absatz 2 Satz 1 Nummer 3 sowie § 10 Absatz 2 Satz 1 Nummer 3)**	4
p)	den Bedarf von Ver- und Entsorgungseinrichtungen sowie von Unterkünften und sanitären Anlagen feststellen und bei der Bereitstellung mitwirken	
q)	Leistungen vorangegangener Gewerke als Bedingung für die Ausführung der eigenen Tätigkeiten prüfen und für die Durchführung der eigenen Arbeiten berücksichtigen, Mängel dokumentieren und die Dokumentation weiterleiten	
r)	ergonomische Arbeitsmittel und -hilfen verwenden sowie ergonomische Arbeitsweisen anwenden	
s)	Maßnahmen zum Schutz von Personen auf Baustellen ergreifen	
t)	Baustellensicherungsmaßnahmen durchführen	

AB

* in Wochen, im 13. bis 24. Monat

Teil des Ausbildungsberufsbildes/ Zu vermittelnde Fertigkeiten, Kenntnisse und Fähigkeiten		Zeitliche Richtwerte*
u)	Lage von Ver- und Entsorgungsleitungen feststellen und Ver- und Entsorgungsleitungen vor Beschädigung schützen	
v)	Betriebssicherheit von Arbeitshilfen, insbesondere von Gerüsten, prüfen und Mängel dokumentieren und Dokumentation weiterleiten	
w)	Lastaufnahme- und Anschlagmittel unterscheiden, auswählen, überprüfen und einsetzen	
x)	Abfallstoffe, insbesondere Wertstoffe, und Reststoffe sortenrein trennen, lagern und den Abtransport vorbereiten, dabei kreislaufwirtschaftliche Gesichtspunkte berücksichtigen	
y)	Baustoffe auf Wiederverwendbarkeit prüfen	
z)	Verbrauchsgüter auffangen und umweltgerechte Entsorgung veranlassen	
aa)	Baustoffe, Werkzeuge und Maschinen für den Abtransport vorbereiten	
bb)	Ver- und Entsorgungseinrichtungen, Unterkünfte und sanitäre Anlagen für den Abtransport vorbereiten	
cc)	geräumte Arbeitsplätze übergeben	
4	**Bedienen und Instandhalten von Werkzeugen, Maschinen und Anlagen (§ 4 Absatz 2 Satz 1 Nummer 4, § 4 Absatz 4 Nummer 6 Buchstabe a sowie § 10 Absatz 2 Satz 1 Nummer 4)**	
c)	Maschinen auswählen, einrichten, bedienen, pflegen und warten	
d)	Funktionsfähigkeit von Maschinen kontrollieren und Ergebnisse dokumentieren	
e)	Störungen an Maschinen erkennen, Störungsbeseitigung veranlassen	
f)	technische Hilfsmittel zur Klimatisierung und Staubminimierung auswählen, auf Funktionsfähigkeit prüfen, einrichten und bedienen	
g)	Maschinen auf Dichtigkeit prüfen, um Verunreinigung der Umwelt zu vermeiden	
h)	Förder- und Transportgeräte bedienen	
5	**Prüfen, Lagern und Auswählen von Baustoffen und Bauhilfsstoffen (§ 4 Absatz 2 Satz 1 Nummer 5 sowie § 10 Absatz 2 Satz 1 Nummer 5)**	
e)	Baustoffe und Bauhilfsstoffe, Fertigteile sowie Ein- und Anbauteile nach Art und Eigenschaften unterscheiden, auswählen und dem Arbeitsauftrag zuordnen	
f)	Umwelt-, Arbeits- und Sozialstandards bei der Auswahl von Baustoffen und Bauhilfsstoffen berücksichtigen	
g)	Bedarf an Baustoffen und Bauhilfsstoffen, Fertigteilen sowie Ein- und Anbauteilen ermitteln, diese anfordern und bereitstellen	
h)	Baustoffe und Bauhilfsstoffe, Fertigteile sowie Ein- und Anbauteile auf Vollständigkeit, Beschädigung und Maßhaltigkeit prüfen, Ergebnisse dokumentieren und bei Abweichungen Maßnahmen ergreifen	
6	**Lesen und Anwenden von Plänen und Zeichnungen, Anfertigen von Skizzen, auch digital (§ 4 Absatz 2 Satz 1 Nummer 6 sowie § 10 Absatz 2 Satz 1 Nummer 6)**	
d)	Zeichnungen auf Übereinstimmung mit den Gegebenheiten auf der Baustelle prüfen	4
e)	Aufmaße und Bestandsskizzen für durchzuführende Arbeiten erstellen	

AB

* in Wochen, im 13. bis 24. Monat

Teil des Ausbildungsberufsbildes/ Zu vermittelnde Fertigkeiten, Kenntnisse und Fähigkeiten		Zeitliche Richtwerte*
f)	maßstabgerechte Zeichnungen erstellen	
g)	digitale Endgeräte verwenden, branchenübliche Software nutzen	
h)	bemaßte Einbauskizzen und Pläne anfertigen	
i)	Einmessskizzen, Aufmaßskizzen und Verlegepläne anfertigen	
j)	Aufrisse anfertigen, Flächen unter Berücksichtigung gestalterischer Gesichtspunkte einteilen	
7	**Durchführen von Messungen mittels sowohl analoger als auch digitaler Messgeräte (§ 4 Absatz 2 Satz 1 Nummer 7 sowie § 10 Absatz 2 Satz 1 Nummer 7)**	
f)	Bauwerke einmessen und abstecken	
g)	Höhen-, Lage-, Längen-, Richtungs- und Winkelmessungen, auch digital, durchführen	
8	**Prüfen, Bewerten und Vorbereiten von Untergründen (§ 4 Absatz 2 Satz 1 Nummer 18 sowie § 10 Absatz 2 Satz 1 Nummer 18)**	**2**
a)	Untergründe hinsichtlich der weiteren Bearbeitungsmöglichkeiten unterscheiden und prüfen, Mängel dokumentieren und Dokumentation weiterleiten	
b)	Untergründe auf ihre Beanspruchung und zur Befestigung von Konstruktionen und Bauteilen prüfen	
c)	Untergründe, insbesondere auf Haft- und Tragfähigkeit, Beschädigungen, Verunreinigungen, Ebenheit, Gefälle, Höhenlage und Saugfähigkeit, prüfen	
d)	auf Gefahrstoffe in Untergründen im Bestand achten, Prüfung veranlassen und Schutzmaßnahmen ergreifen	
e)	Schutzmaßnahmen für nicht zu bearbeitende Flächen, Bauteile und Objekte, insbesondere auf Verträglichkeit, prüfen und ausführen	
f)	Untergründe auf Feuchtigkeit prüfen	
g)	Untergründe, insbesondere durch Aufbringen von Putzen, Spachtel- und Ausgleichsmassen sowie durch Einsatz von Trockenbau-Baustoffen und Verbundwerkstoffen, für die weitere Bearbeitung vorbereiten	
9	**Bearbeiten von Holz und Holzwerkstoffen sowie Herstellen von Holzbauteilen (§ 4 Absatz 2 Satz 1 Nummer 8 sowie § 10 Absatz 2 Satz 1 Nummer 8)**	**6**
g)	Holz und Holzwerkstoffe prüfen	
h)	Verbindungsmittel auswählen und einsetzen	
i)	Holzbautraversen für Anbauteile in Trockenbaukonstruktionen einbauen	
j)	Decken- und Wandbekleidungen aus Holzwerkstoffen herstellen	
k)	Holzunterkonstruktionen für Trockenbaubekleidungen herstellen	
l)	plattenförmige Holzwerkstoffe bearbeiten und verlegen	
10	**Herstellen von Baukörpern aus Steinen (§ 4 Absatz 2 Satz 1 Nummer 10 sowie § 10 Absatz 2 Satz 1 Nummer 10)**	
g)	Vorschriften des Brand-, Schall- und Feuchteschutzes anwenden	

AB

* in Wochen, im 13. bis 24. Monat

Teil des Ausbildungsberufsbildes/ Zu vermittelnde Fertigkeiten, Kenntnisse und Fähigkeiten		Zeitliche Richtwerte*
h)	nicht tragende Wände aus Wandbauplatten setzen	
i)	Ecken, Wand-, Boden- und Deckenanschlüsse herstellen	
j)	Öffnungen, Schlitze und Aussparungen herstellen und schließen	
k)	vorgefertigte Bauteile einbauen	
l)	Fugen schließen	
11	**Durchführen von Energieeffizienzmaßnahmen sowie Maßnahmen zum Schall- und Brandschutz in und an Bauwerken und Bauteilen (§ 4 Absatz 2 Satz 1 Nummer 11, § 4 Absatz 4 Nummer 6 Buchstabe b sowie § 10 Absatz 2 Satz 1 Nummer 11)**	4
d)	Vorschriften des Brand-, Schall-, Feuchte- und Wärmeschutzes einhalten	
e)	Verfahren zur Herstellung von Anschlüssen unterscheiden sowie Anschlüsse herstellen	
f)	Dämmstoffe, insbesondere aus nachwachsenden Rohstoffen, auswählen	
g)	Dämmstoffe in und an Wänden, Decken, Stützen und Böden nach Herstellervorgaben an- und einbringen	
h)	Innendämmung unterscheiden und Voraussetzung für Innendämmung prüfen	
i)	Dampfbremse und Luftdichtheitsschicht einbauen	
12	**Herstellen von Putzen (§ 4 Absatz 2 Satz 1 Nummer 12 sowie § 10 Absatz 2 Satz 1 Nummer 12)**	4
h)	Vorschriften des Brand-, Schall-, Feuchte- und Wärmeschutzes einhalten	
i)	Wandtrockenputz aus Wärmedämmverbundplatten ansetzen	
j)	Beschichtungsstoffe unterscheiden, auswählen, für Be- und Verarbeitung vorbereiten, Beschichtungen, insbesondere durch Streichen, Rollen und Spritzen, ausführen	
k)	Klebearbeiten ausführen	
13	**Herstellen von Bauteilen im Trockenbau (§ 4 Absatz 2 Satz 1 Nummer 15, § 4 Absatz 4 Nummer 6 Buchstabe c sowie § 10 Absatz 2 Satz 1 Nummer 15)**	20
i)	Vorschriften des Brand-, Schall-, Feuchte- und Wärmeschutzes anwenden	
j)	Montagepläne erstellen und anwenden	
k)	Unterkonstruktionen, insbesondere für Ständerwände und Riegelwände, herstellen	
l)	Trockenbauplatten auswählen und einbauen	
m)	Ecken, Wand-, Boden- und Deckenanschlüsse herstellen	
n)	Öffnungen und Aussparungen, insbesondere bei Brandschutzanforderungen, herstellen und schließen	
o)	vorgefertigte Bauteile, insbesondere Türelemente und Verglasungselemente, sowie Einbauteile montieren	

AB

* in Wochen, im 13. bis 24. Monat

Teil des Ausbildungsberufsbildes/ Zu vermittelnde Fertigkeiten, Kenntnisse und Fähigkeiten	Zeitliche Richtwerte*
p) Fugen in unterschiedlichen Techniken ausbilden und abdichten	
q) Trockenbauoberflächen entsprechend der einschlägigen Qualitätsanforderungen herstellen	
r) Konstruktionen im Trockenbau, insbesondere hinsichtlich Ständertypen, Abständen, Befestigungs- und Verbindungsmitteln, unterscheiden und auswählen	
s) geregelte und nicht geregelte Bauarten bei Trockenbaukonstruktionen berücksichtigen	
t) Unterkonstruktionen zur Befestigung von System- und Fertigelementen erstellen	
u) Montagewände herstellen	
v) Unterdecken und Deckenbekleidungen herstellen	
w) Vorsatzschalen herstellen	
x) Verkofferungen und Schürzen herstellen und montieren	
y) Brandschutzkonstruktionen mit Wänden und Decken einschließlich der Anschlüsse erstellen	
z) Öffnungen und Aussparungen, insbesondere für Sanitär-, Elektro-, Heizungs- und Klimainstallationen, und deren Anschlüsse herstellen	
aa) Fertigteile, insbesondere Trockenstuckprofilleisten und Bauteile in Falttechnik, herstellen und montieren	
bb) Fertigteilestriche einbauen	
cc) Fugen, insbesondere Dehnfugen, Schattenfugen und Bauteilanschlussfugen, ausbilden	
dd) Fugen maschinell schließen	
14 Umbauen und Rückbauen von Baukörpern (§ 4 Absatz 2 Satz 1 Nummer 16 sowie § 10 Absatz 2 Satz 1 Nummer 16)	
f) Schäden feststellen	
g) Maßnahmen zur Schadensbegrenzung ergreifen und angrenzende Bauteile schützen	
h) Dämm- und Trockenbaukonstruktionen rückbauen und getrennt entsorgen	4
i) Öffnungen in Böden, Wänden und Decken herstellen sowie Öffnungen sichern	
j) Dämmstoffe unter Beachtung des Arbeits- und Gesundheitsschutzes, insbesondere des Staubschutzes, rückbauen, Stoffe und Materialien einer umweltschonenden Entsorgung zuführen	
k) Gefahrstoffe erkennen und zur Sicherung und Entsorgung melden	
15 Durchführen von qualitätssichernden Maßnahmen und Übergeben der Leistungen (§ 4 Absatz 2 Satz 1 Nummer 17 sowie § 10 Absatz 2 Satz 1 Nummer 17)	
d) Arbeitsergebnisse dokumentieren und von anderen erbrachte Leistungen berücksichtigen	
e) Tätigkeitsnachweise erstellen, Zeitaufwand und Materialverbrauch erfassen	2
f) Kunden und Kundinnen sowie betriebliche Beteiligte über fertiggestellte Arbeiten informieren	
i) zur Verbesserung der Arbeit im eigenen Arbeitsbereich beitragen	

T

Abschnitt C: 3. Ausbildungsjahr

- Fertigkeiten, Kenntnisse und Fähigkeiten im Ausbildungsberufsbild Trockenbaumonteur und Trockenbaumonteurin (§ 10 Absatz 2)

* in Wochen, im 25. bis 36. Monat

	Teil des Ausbildungsberufsbildes/ Zu vermittelnde Fertigkeiten, Kenntnisse und Fähigkeiten	Zeitliche Richtwerte*
1	**Übernehmen von Arbeitsaufträgen und kundenorientierte Kommunikation (§ 10 Absatz 2 Satz 1 Nummer 1)**	6
g)	Kunden und Kundinnen über das betriebliche Leistungsspektrum informieren	
h)	Fachbegriffe für Baustile, Bauteile, Baustoffe und Verfahren anwenden	
i)	Kunden und Kundinnen über Serviceleistungen, Instandhaltungsmaßnahmen und -intervalle informieren	
j)	Wünsche von Kunden und Kundinnen in die Auftragsausführung einbeziehen und dokumentieren	
2	**Planen, Vorbereiten und Organisieren von Arbeitsaufgaben (§ 10 Absatz 2 Satz 1 Nummer 2)**	
n)	Informationen zu Vorleistungen, Baukonstruktionen und Untergründen, insbesondere über Gefahrstoffbelastungen, sowie zu Materialvorgaben, Zeitrichtwerten und Leistungsbeschreibungen erfassen und Vorgaben auf Umsetzbarkeit prüfen	
o)	gewerkeübergreifende Abstimmungen für den eigenen Arbeitsbereich treffen	
p)	Baustoffe und Bauhilfsstoffe auf ihre ökologischen Auswirkungen, insbesondere hinsichtlich der Kohlendioxid-Bilanz, unter Einbeziehung kreislaufwirtschaftlicher Gesichtspunkte, beurteilen und auswählen	
q)	branchenübliche Software anwenden	
r)	kontinuierlich Baudokumentation erstellen	
s)	Prüf- und Messergebnisse, insbesondere objektbezogene Witterungsmessungen, dokumentieren und bewerten	
t)	Aufmaß nach Normen und Richtlinien für die Planung und Arbeitsvorbereitung erstellen	
u)	Wärmeschutzberechnungen durchführen	
v)	bauklimatische Bedingungen, insbesondere Temperatur und Luftfeuchtigkeit, einhalten, um die Zielwerte der Materialfeuchte zu erreichen	
3	**Einrichten, Sichern, Unterhalten und Räumen von Baustellen (§ 10 Absatz 2 Satz 1 Nummer 3)**	
dd)	Maßnahmen zur Nutzung von Verkehrswegen veranlassen	
ee)	Verkehrsleiteinrichtungen nach vorgegebenem Verkehrszeichenplan aufstellen und unterhalten	
ff)	Gefährdung von Sicherheit und Gesundheit am Arbeitsplatz prüfen und beurteilen, Maßnahmen zur Vermeidung treffen, berufsbezogene Arbeitsschutz- und Unfallverhütungsvorschriften, insbesondere zur Absturzsicherung, anwenden	
gg)	Teilbereiche von Baustellen räumen und übergeben	

T

* in Wochen, im 25. bis 36. Monat

	Teil des Ausbildungsberufsbildes/ Zu vermittelnde Fertigkeiten, Kenntnisse und Fähigkeiten	Zeitliche Richtwerte*
4	**Bedienen und Instandhalten von Werkzeugen, Maschinen und Anlagen (§ 10 Absatz 2 Satz 1 Nummer 4)**	2
i)	Werkzeuge und Maschinen für den Arbeitsablauf anfordern, transportieren, lagern, für den Einsatz vorbereiten und einsetzen	
j)	Werkzeuge und Maschinen überprüfen, pfleglich behandeln und Verunreinigungen der Umwelt verhindern	
k)	automatisierte Maschinen zum Sägen und Fräsen von Trockenbauplatten einsetzen	
5	**Ausbauen von Feuchträumen (§ 10 Absatz 2 Satz 1 Nummer 19)**	8
a)	Vorschriften des Brand-, Schall-, Feuchte- und Wärmeschutzes einhalten	
b)	Anforderungen an den Feuchteschutz berücksichtigen	
c)	Barrierefreiheit bei der Planung und Konstruktion von Sanitärräumen berücksichtigen	
d)	Installationswände herstellen	
e)	Vorsatzschalen für Vorwandinstallationen herstellen	
f)	Installationsschächte herstellen	
g)	Montageelemente für Installationen einbauen	
h)	Konstruktionen zur Aufnahme von Konsollasten unterscheiden und einbauen	
i)	Plattenoberflächen entsprechend der geforderten Qualitätsanforderungen herstellen	
j)	Abdichtungen im Verbund unterscheiden und beurteilen	
6	**Ausbauen von Dachgeschossen (§ 10 Absatz 2 Satz 1 Nummer 20)**	8
a)	Vorschriften des Brand-, Schall-, Feuchte- und Wärmeschutzes einhalten	
b)	Dämmarten im geneigten und flachen Dach, insbesondere Unter-, Zwischen-, Aufsparrendämmung, unterscheiden	
c)	Unter- und Zwischensparrendämmung einbauen	
d)	Dämmung und Beplankung des Drempels einbauen	
e)	Abseitenwände einbauen	
f)	Dampfdiffusion und Konvektion für den Feuchte- und Wärmeschutz beurteilen sowie Schichten für die Luftdichtheit und Winddichtheit einbauen	
g)	Durchdringungen wind-, luft- und diffusionsdicht anarbeiten	
h)	Beplankungen und Dämmungen für Dachschrägen und Kehlbalkendecken herstellen	
i)	Laibungen für Dachflächenfenster herstellen	
j)	konstruktive Anschlüsse an anschließenden Bauteilen herstellen	

* in Wochen, im 25. bis 36. Monat

	Teil des Ausbildungsberufsbildes/ Zu vermittelnde Fertigkeiten, Kenntnisse und Fähigkeiten	Zeitliche Richtwerte*
7	**Herstellen von Sonderdecken (§ 10 Absatz 2 Satz 1 Nummer 21)**	**8**
a)	Vorschriften des Brand-, Schall-, Feuchte- und Wärmeschutzes einhalten	
b)	Verlegepläne mit Abhängepunkten erstellen	
c)	Rasterdecken, insbesondere Mineralplattendecken und Metalldecken, einbauen	
d)	Paneel- und Lamellendecken einbauen	
e)	Akustikdecken mit Sonderelementen, insbesondere Absorber, Segel und Baffeln, einbauen	
f)	Konstruktionen von Heiz-, Kühl- und Klimadecken sowie Heiz-, Kühl- und Klimaelemente unterscheiden und unter Beachtung der Übergabepunkte einbauen	
g)	Einbauteile und vorgefertigte Bauteile montieren	
8	**Herstellen von Brandschutzkonstruktionen (§ 10 Absatz 2 Satz 1 Nummer 22)**	**6**
a)	Vorschriften des Brandschutzes einhalten	
b)	Brandwände montieren	
c)	Schachtwandkonstruktionen montieren	
d)	Brandschutzelemente, insbesondere Türelemente, in Brandschutzkonstruktionen, einschließlich der Anschlüsse, einbauen	
e)	Kanäle für Kabel und lufttechnische Anlagen mit Brandschutzplatten bekleiden	
f)	Brandschutzanschlüsse und Brandabschottungen, insbesondere an lufttechnischen und elektrotechnischen Anlagen sowie an Kabeln und Rohrleitungen, herstellen	
g)	Träger, Tragwerke und Stützen brandschutztechnisch bekleiden	
h)	Brandschutzverglasungen unterscheiden und in Wänden montieren	
9	**Herstellen von Strahlenschutzkonstruktionen (§ 10 Absatz 2 Satz 1 Nummer 23)**	**2**
a)	Trockenbaukonstruktionen unter Beachtung der Vorschriften des Strahlenschutzes herstellen und dokumentieren	
b)	Strahlenschutzkonstruktionen, insbesondere Strahlenschutzbeplankungen und dafür benötigte Baustoffe und Bauhilfsstoffe, unterscheiden und auswählen	
c)	Einbauelemente, insbesondere Türelemente, im Strahlenschutz montieren und Anschlüsse ausführen	
d)	Strahlenschutzanschlüsse und Strahlenschutzabschottungen, insbesondere an lufttechnischen und elektrotechnischen Anlagen sowie an Rohrleitungssystemen, herstellen	
10	**Herstellen von Bauteilen und Sonderkonstruktionen im Trockenbau (§ 10 Absatz 2 Satz 1 Nummer 24)**	**4**
a)	Hohlraum- und Doppelböden unterscheiden und auswählen	
b)	Hohlraum- und Doppelböden unter Beachtung der Verlegepläne einbauen, insbesondere Aussparungen und Zuschnitte für unterschiedliche geometrische Formen herstellen sowie Bewegungs- und Randfugen mit Profil anlegen	

T

* in Wochen, im 25. bis 36. Monat

Teil des Ausbildungsberufsbildes/ Zu vermittelnde Fertigkeiten, Kenntnisse und Fähigkeiten		Zeitliche Richtwerte*
c)	Ummantelungen und Abschottungen herstellen und montieren	
d)	Gewölbe und Bögen herstellen und mit unterschiedlichen Werkstoffen beplanken	
e)	Fertigteile mit programmierbaren Maschinen herstellen	
f)	Trockenbaukonstruktionen aus tragendem Metallleichtbau herstellen und einbauen	
g)	umsetzbare Trennwände montieren	
h)	Konstruktionen für besondere technische und gestalterische Anforderungen herstellen und einbauen	
i)	Außenwandbekleidungen herstellen und montieren	
11	**Sanieren und Instandhalten von Trockenbaukonstruktionen (§ 10 Absatz 2 Satz 1 Nummer 25)**	4
a)	Methoden zur Schadensanalyse unterscheiden, Schäden analysieren und Ist-Zustand dokumentieren sowie Maßnahmen zur Schadensbegrenzung ergreifen	
b)	Verfahren zur Sanierung und Instandhaltung von Trockenbaukonstruktionen, insbesondere energetische Verfahren, unterscheiden, auswählen und durchführen	
c)	erhaltenswerte Bausubstanz erkennen und Maßnahmen zum Schutz veranlassen	
d)	Wartungsarbeiten an Einbauteilen durchführen und Fugen instandsetzen	
12	**Durchführen von qualitätssichernden Maßnahmen und Übergeben der Leistungen (§ 10 Absatz 2 Satz 1 Nummer 17)**	4
h)	Qualitätssicherungssysteme anwenden	
i)	Qualitätsabweichungen feststellen und Maßnahmen zur Behebung von Qualitätsabweichungen ergreifen	
j)	Instandhaltungs- und Sicherungsmaßnahmen dokumentieren und kontrollieren, Reinigungsmaßnahmen dokumentieren, kontrollieren und überwachen	
k)	Reklamationen entgegennehmen, bearbeiten und weiterleiten	
l)	Auswirkungen der Kundenzufriedenheit auf das Betriebsergebnis im Rahmen der eigenen Arbeiten berücksichtigen	
m)	Aufmaße über durchgeführte Arbeiten nach Normen und Richtlinien erstellen	
n)	kundenrelevante Informationen zu Maßnahmen zur Funktions- und Werterhaltung weitergeben	
o)	zur kontinuierlichen Verbesserung von Arbeitsprozessen im eigenen Arbeitsbereich beitragen	

AB

▶ Abschnitt D: integrativ zu vermittelnde Fertigkeiten, Kenntnisse und Fähigkeiten

Die Standardberufsbildpositionen sind während der gesamten Berufsausbildung zu vermitteln.

Teil des Ausbildungsberufsbildes/ Zu vermittelnde Fertigkeiten, Kenntnisse und Fähigkeiten	
1	**Organisation des Ausbildungsbetriebes, Berufsbildung sowie Arbeits- und Tarifrecht (§ 4 Absatz 3 Nummer 1 sowie § 10 Absatz 3 Nummer 1)**
a)	den Aufbau und die grundlegenden Arbeits- und Geschäftsprozesse des Ausbildungsbetriebes erläutern
b)	Rechte und Pflichten aus dem Ausbildungsvertrag sowie Dauer und Beendigung des Ausbildungsverhältnisses erläutern und Aufgaben der im System der dualen Berufsausbildung Beteiligten beschreiben
c)	die Bedeutung, die Funktion und die Inhalte der Ausbildungsordnung und des betrieblichen Ausbildungsplans erläutern sowie zu deren Umsetzung beitragen
d)	die für den Ausbildungsbetrieb geltenden arbeits-, sozial-, tarif- und mitbestimmungsrechtlichen Vorschriften erläutern
e)	Grundlagen, Aufgaben und Arbeitsweise der betriebsverfassungs- oder personalvertretungsrechtlichen Organe des Ausbildungsbetriebes erläutern
f)	Beziehungen des Ausbildungsbetriebs und seiner Beschäftigten zu Wirtschaftsorganisationen und Gewerkschaften erläutern
g)	Positionen der eigenen Entgeltabrechnung erläutern
h)	wesentliche Inhalte von Arbeitsverträgen erläutern
i)	Möglichkeiten des beruflichen Aufstiegs und der beruflichen Weiterentwicklung erläutern
2	**Sicherheit und Gesundheit bei der Arbeit (§ 4 Absatz 3 Nummer 2 sowie § 10 Absatz 3 Nummer 2)**
a)	Rechte und Pflichten aus den berufsbezogenen Arbeitsschutz- und Unfallverhütungsvorschriften kennen und diese Vorschriften anwenden
b)	Gefährdungen von Sicherheit und Gesundheit am Arbeitsplatz und auf dem Arbeitsweg prüfen und beurteilen
c)	sicheres und gesundheitsgerechtes Arbeiten erläutern
d)	technische und organisatorische Maßnahmen zur Vermeidung von Gefährdungen sowie von psychischen und physischen Belastungen für sich und andere, auch präventiv, ergreifen
e)	ergonomische Arbeitsweisen beachten und anwenden
f)	Verhaltensweisen bei Unfällen beschreiben und erste Maßnahmen bei Unfällen einleiten
g)	betriebsbezogene Vorschriften des vorbeugenden Brandschutzes anwenden, Verhaltensweisen bei Bränden beschreiben und erste Maßnahmen zur Brandbekämpfung ergreifen
3	**Umweltschutz und Nachhaltigkeit (§ 4 Absatz 3 Nummer 3 sowie § 10 Absatz 3 Nummer 3)**
a)	Möglichkeiten zur Vermeidung betriebsbedingter Belastungen für Umwelt und Gesellschaft im eigenen Aufgabenbereich erkennen und zu deren Weiterentwicklung beitragen
b)	bei Arbeitsprozessen und im Hinblick auf Produkte, Waren oder Dienstleistungen Materialien und Energie unter wirtschaftlichen, umweltverträglichen und sozialen Gesichtspunkten der Nachhaltigkeit nutzen

Teil des Ausbildungsberufsbildes/ Zu vermittelnde Fertigkeiten, Kenntnisse und Fähigkeiten	
c)	für den Ausbildungsbetrieb geltende Regelungen des Umweltschutzes einhalten
d)	Abfälle vermeiden sowie Stoffe und Materialien einer umweltschonenden Wiederverwertung oder Entsorgung zuführen
e)	Vorschläge für nachhaltiges Handeln für den eigenen Arbeitsbereich entwickeln
f)	unter Einhaltung betrieblicher Regelungen im Sinne einer ökonomischen, ökologischen und sozial nachhaltigen Entwicklung zusammenarbeiten und adressatengerecht kommunizieren
4	**digitalisierte Arbeitswelt (§ 4 Absatz 3 Nummer 4 sowie § 10 Absatz 3 Nummer 4)**
a)	mit eigenen und betriebsbezogenen Daten sowie mit Daten Dritter umgehen und dabei die Vorschriften zum Datenschutz und zur Datensicherheit einhalten
b)	Risiken bei der Nutzung von digitalen Medien und informationstechnischen Systemen einschätzen und bei deren Nutzung betriebliche Regelungen einhalten
c)	ressourcenschonend, adressatengerecht und effizient kommunizieren sowie Kommunikationsergebnisse dokumentieren
d)	Störungen in Kommunikationsprozessen erkennen und zu ihrer Lösung beitragen
e)	Informationen in digitalen Netzen recherchieren und aus digitalen Netzen beschaffen sowie Informationen, auch fremde, prüfen, bewerten und auswählen
f)	Lern- und Arbeitstechniken sowie Methoden des selbstgesteuerten Lernens anwenden, digitale Lernmedien nutzen und Erfordernisse des lebensbegleitenden Lernens erkennen und ableiten
g)	Aufgaben zusammen mit Beteiligten, einschließlich der Beteiligten anderer Arbeits- und Geschäftsbereiche, auch unter Nutzung digitaler Medien, planen, bearbeiten und gestalten
h)	Wertschätzung anderer unter Berücksichtigung gesellschaftlicher Vielfalt praktizieren

AB

3 Berufsschule als Lernort der dualen Ausbildung

Die Rahmenlehrpläne für die Berufsausbildungen bilden die Struktur der Bauwirtschaftsberufe ab und sind im ersten Ausbildungsjahr für alle Bauwirtschaftsberufe identisch, im zweiten Ausbildungsjahr entsprechend den Schwerpunkten sowie im dritten Ausbildungsjahr nach den jeweiligen Berufen differenziert. Der Rahmenlehrplan wird in Lernfelder unterteilt.

Übersicht Lernfelder

Ausbaufacharbeiter/-in (Schwerpunkt Trockenbauarbeiten) und Trockenbaumonteur/-in

Ausbildungsberuf	Ausbildungsjahr	Lernfeld Nr.	Lernfeld	Zeitrichtwerte in Unterrichtsstunden
alle Berufe der Bauwirtschaft / Ausbaufacharbeiter/-in / Trockenbaumonteur/-in	1.	1	Baustellen einrichten	20
		2	Bauwerke erschließen und gründen	60
		3	Einschalige Baukörper mauern	60
		4	Stahlbetonbauteile herstellen	60
		5	Holzkonstruktionen herstellen	60
		6	Bauteile beschichten und bekleiden	60
Ausbaufacharbeiter/-in / Trockenbaumonteur/-in	2.	7	Raumtrennwand in Trockenbauweise herstellen	60
		8	Vorsatzschalen und Bekleidungen herstellen	60
		9	Raumtrennwände mit besonderen Anforderungen herstellen	60
		10	Unterdecken und Deckenbekleidungen herstellen	60
		11	Fußbodensysteme herstellen	40
Trockenbaumonteur/-in	3.	12	Feuchtebelastete Räume ausbauen	80
		13	Sonderdecken einbauen	80
		14	Dachgeschoss ausbauen	80
		15	Konstruktionen mit besonderen Anforderungen	40
			Insgesamt:	**880 Stunden**

4 Prüfungen

4.1 Ausbaufacharbeiter/-in

Prüfungsform beim Ausbildungsberuf Ausbaufacharbeiter/-in mit dem Schwerpunkt Trockenbauarbeiten ist die konventionelle Prüfung. Die konventionelle Prüfung sieht eine Zwischenprüfung und eine Gesellen- oder Abschlussprüfung vor. Ob es sich um eine Gesellenprüfung oder eine Abschlussprüfung handelt, hängt davon ab, bei welcher Kammer das Ausbildungsverhältnis eingetragen ist. Im Handwerk schließt eine Ausbildung mit einer Gesellenprüfung ab. Im Bereich Industrie und Handel wird eine Abschlussprüfung durchgeführt.

AF

Ausbaufacharbeiter/-in (Schwerpunkt Trockenbauarbeiten)					
	Zwischenprüfung		**Gesellen- oder Abschlussprüfung**		
Prüfungsbereiche	„Durchführen von Arbeiten im Ausbau"		„Herstellen von Baukörpern"	„Durchführen von Ausbauarbeiten"	„Wirtschafts- und Sozialkunde"
Prüfungsinstrumente	Arbeitsaufgabe, Dokumentieren mit praxisüblichen Unterlagen	Schriftlich zu bearbeitende Aufgaben	Arbeitsaufgabe, Dokumentieren mit praxisüblichen Unterlagen	Schriftlich zu bearbeitende Aufgaben	Schriftlich zu bearbeitende Aufgaben
Prüfungszeiten	6 Std.	60 Min.	8 Std.	120 Min.	60 Min.
Gewichtung			60 %	30 %	10 %

[▲ Kapitel 2.1 „Paragrafen der Ausbildungsordnung" Abschnitt 2]

Für die **Zwischenprüfung** im Ausbildungsberuf Ausbaufacharbeiter/-in mit dem Schwerpunkt Trockenbauarbeiten sind die Inhalte des Ausbildungsrahmenplans (Anlage 6) in den Abschnitten A und D relevant.
Die Zwischenprüfung im Ausbildungsberuf Ausbaufacharbeiter/-in ist für alle Auszubildenden im Bereich Ausbau – unabhängig vom Schwerpunkt – gleich aufgebaut. Die Zwischenprüfung sieht eine praktische und eine schriftliche Prüfung vor.
Für die **Gesellen- oder Abschlussprüfung** sind alle während der gesamten Ausbildungszeit vermittelten Fertigkeiten, Kenntnisse und Fähigkeiten relevant. Die Gesellen- oder Abschlussprüfung bezieht sich auf die gesamte Ausbildungszeit. Dementsprechend gilt Anlage 6, Abschnitte A, B und D.

Anrechnung von Prüfungsleistungen
Die Prüfungsbereiche der Gesellen- oder Abschlussprüfung „Herstellen von Baukörpern" sowie „Durchführen von Ausbauarbeiten" sind identisch mit Teil 1 der „Gestreckten Abschlussprüfung" im Beruf Trockenbaumonteur/-in. Bei der Anrechnung der Prüfungsleistungen im zweijährigen Beruf zwecks Fortsetzung der Ausbildung (drittes Ausbildungsjahr) im Beruf Trockenbaumonteur/-in (Anrechnungsmodell) werden die Prüfungsergebnisse der beiden Prüfungsbereiche entsprechend der Gewichtung des Teil 1 der „Gestreckten Abschlussprüfung" berücksichtigt.

AF

4.1.1 Zwischenprüfung

Grundlage für die praktische und schriftliche Prüfung im Prüfungsbereich „Durchführen von Arbeiten im Ausbau" sind Prüfungsanforderungen in Form von Kompetenzen. Die Kompetenzen werden an einer von sechs Tätigkeiten geprüft. Die unter § 15 Absatz 3 aufgeführten Tätigkeiten spiegeln die für die Ausbildung zum Ausbaufacharbeiter und zur Ausbaufacharbeiterin vorgesehenen Schwerpunkte wider. Der Prüfungsausschuss wählt unter Berücksichtigung der schwerpunktmäßigen Ausrichtung des Prüflings eine der sechs Tätigkeiten aus.
Die Frage, welche Kompetenzen in der praktischen Prüfung und welche in der schriftlichen Prüfung abgeprüft werden, wird im Rahmen der Prüfungsaufgabenerstellung festgelegt.

Prüfungsbereich „Durchführen von Arbeiten im Ausbau"

Im Prüfungsbereich „Durchführen von Arbeiten im Ausbau" hat der Prüfling nachzuweisen, dass er in der Lage ist,

1. Arbeitsschritte zu planen sowie persönliche Schutzausrüstung auszuwählen,
2. Arbeitsplätze einzurichten und zu räumen,
3. Baustoffe und Bauhilfsstoffe zu unterscheiden, auszuwählen und einzusetzen sowie deren Mengen zu berechnen,
4. Werkzeuge zu unterscheiden, auszuwählen und einzusetzen,
5. ergonomische, ökologische und ökonomische Gesichtspunkte bei der Durchführung der Arbeiten zu berücksichtigen,
6. Untergründe zu prüfen und vorzubereiten,
7. Pläne, Skizzen und Zeichnungen zu lesen und anzuwenden,
8. Messungen durchzuführen,
9. Bauteile herzustellen,
10. Gefahrstoffe in Bauprodukten zu unterscheiden, Schutzmaßnahmen zu ergreifen, Gefahrstoffe umweltgerecht zu lagern sowie
11. Arbeitsergebnisse zu kontrollieren sowie Maßnahmen zur Qualitätssicherung durchzuführen.

Für den Nachweis ist eine der folgenden Tätigkeiten (vom Prüfungsausschuss festgelegt) zugrunde zu legen:

1. Herstellen einer Unterkonstruktion mit Beplankung, Herstellen von Wand-Trockenputz sowie Fugen schließen,
2. Herstellen einer Holzkonstruktion mit mindestens zwei unterschiedlichen Holzverbindungen,
3. Herstellen eines Estrichs auf Trennschicht,
4. Montieren von Dämmmaterial und Herstellen einer Ummantelung,
5. Ansetzen von Fliesen im Dünnbettverfahren und Herstellen von Löchern und Aussparungen oder
6. Einbauen von Putzprofilen sowie Herstellen einer einlagigen Putzfläche.

Prüfungsinstrumente	Prüfungszeit
Arbeitsaufgabe	6 Std.
Dokumentation mit praxisüblichen Unterlagen	
Schriftlich zu bearbeitende Aufgaben	60 Min.

4.1.2 Gesellen- oder Abschlussprüfung

In der Abschlussprüfung werden die Prüfungsbereiche „Herstellen von Baukörpern", „Durchführen von Ausbauarbeiten" sowie „Wirtschafts- und Sozialkunde" zugrunde gelegt.
Im Prüfungsbereich „Herstellen von Baukörpern" werden die Kompetenzen in einer praktischen Prüfung anhand einer von drei möglichen Tätigkeiten geprüft (§ 19 Absatz 7). Der Prüfungsausschuss wählt die Tätigkeit aus. Dabei muss die schwerpunktmäßige Ausrichtung der Ausbildung des Prüflings berücksichtigt werden.

Prüfungsbereich „Herstellen von Baukörpern"

Im Prüfungsbereich „Herstellen von Baukörpern" hat der Prüfling nachzuweisen, dass er in der Lage ist,

1. Arbeitsabläufe zu planen und persönliche Schutzausrüstung auszuwählen,
2. Arbeitsplätze einzurichten und zu räumen,
3. Mengen von Baustoffen und Bauhilfsstoffen zu berechnen sowie Baustoffe und Bauhilfsstoffe einzusetzen,
4. Werkzeuge und Maschinen auszuwählen und einzusetzen,
5. ergonomische, ökologische und ökonomische Gesichtspunkte bei der Durchführung der Arbeiten zu berücksichtigen,
6. Untergründe zu prüfen und vorzubereiten,
7. Pläne, Skizzen und Zeichnungen zu lesen und anzuwenden,
8. Messungen durchzuführen,
9. Bauteile herzustellen sowie
10. sowohl Zwischen- als auch Endergebnisse der durchzuführenden Arbeiten zu kontrollieren, zu bewerten und zu dokumentieren.

Für den Nachweis nach Absatz 1 ist eine der folgenden Tätigkeiten (vom Prüfungsausschuss festgelegt) zugrunde zu legen:

1. Herstellen einer Einfachständerwand sowie einer geschlossenen Unterdecke mit einer Beplankung aus Trockenbauplatten,
2. Herstellen einer Einfachständerwand sowie einer geschlossenen Deckenbekleidung mit einer Beplankung aus Trockenbauplatten oder
3. Herstellen einer Einfachständerwand und eines Fertigteilestrichs.

Prüfungsinstrumente	Prüfungszeit
Arbeitsaufgabe	8 Std.
Dokumentation mit praxisüblichen Unterlagen	

AF

Im Prüfungsbereich „Durchführen von Ausbauarbeiten" werden die Kompetenzen in einer schriftlichen Prüfung nach § 20 Absatz 2 anhand von Tätigkeiten aus zwei Bereichen geprüft:

1. Bereich Ausbauarbeiten
   Im Bereich Ausbauarbeiten wählt der Prüfungsausschuss vier von sieben möglichen Tätigkeiten für die jeweilige Prüfung aus.
2. Bereich Schwerpunkt Trockenbauarbeiten
   Im Bereich Schwerpunkt Trockenbauarbeiten müssen alle Tätigkeiten in der Prüfung berücksichtigt werden.

Prüfungsbereich „Durchführen von Ausbauarbeiten"

Im Prüfungsbereich „Durchführen von Ausbauarbeiten" hat der Prüfling nachzuweisen, dass er in der Lage ist,

1. Aufträge zu erfassen sowie Arbeitsabläufe unter Beachtung technischer, wirtschaftlicher und organisatorischer Vorgaben zu planen,
2. persönliche Schutzausrüstung zu unterscheiden, auszuwählen und diesbezügliche Vorgaben zu erläutern,
3. das Einrichten oder das Räumen von Arbeitsplätzen unter Beachtung von Gefahrenbereichen auf Baustellen zu erläutern,
4. Baustoffe und Bauhilfsstoffe zu unterscheiden, auszuwählen, deren Mengen zu berechnen sowie die ökologischen Auswirkungen der Baustoffe und Bauhilfsstoffe zu erläutern,
5. Werkzeuge und Maschinen zu unterscheiden und auszuwählen,
6. Maßnahmen zur Vorbereitung und Prüfung von Untergründen zu beschreiben,
7. normgerechte Zeichnungen anzuwenden und bemaßte Skizzen anzufertigen,
8. Messgeräte zu unterscheiden und auszuwählen,
9. Vorschriften des Wärme-, Schall- und Brandschutzes zu unterscheiden,
10. die Durchführung von Ausbauarbeiten zu beschreiben,
11. Verfahren zur sortenreinen Trennung und Lagerung von Abfall- und Reststoffen auf der Baustelle zu beschreiben und dabei kreislaufwirtschaftliche Gesichtspunkte zu berücksichtigen sowie
12. Maßnahmen zur Sicherheit und zum Gesundheitsschutz bei der Arbeit, zum Umweltschutz und zur Qualitätssicherung zu beschreiben.

Für den Nachweis sind vier Tätigkeiten aus dem nachfolgend aufgeführten Bereich Ausbauarbeiten (vom Prüfungsausschuss festgelegt) und sämtliche Tätigkeiten aus dem Bereich Schwerpunkt Trockenbauarbeiten zugrunde zu legen:

Bereich Ausbauarbeiten:

a) Unterscheiden und Auswählen von Holz und Holzwerkstoffen,
b) Unterscheiden von Dämmstoffen und Beschreiben des Einbauens und Rückbauens von Dämmstoffen,
c) Unterscheiden von Estrichkonstruktionen und Estricharten,
d) Unterscheiden von Putzen,
e) Beschreiben des Verlegens von Fliesen und Platten,
f) Unterscheiden von Trockenbaukonstruktionen oder
g) Unterscheiden von Konstruktionen im Mauerwerksbau und im Beton- und Stahlbetonbau;

Bereich Schwerpunkt Trockenbauarbeiten:

a) Unterscheiden von Baustoffen im Trockenbau,

b) Unterscheiden und Auswählen von Bekleidungen und Vorsatzschalen sowie Beschreiben der Herstellung von Bekleidungen und Vorsatzschalen,

c) Unterscheiden und Auswählen von Einfachständerwänden sowie Beschreiben der Herstellung von Einfachständerwänden sowie

d) Unterscheiden von Unterdecken und Deckenbekleidungen mit einer Beplankung aus Trockenbauplatten.

Prüfungsinstrument	Prüfungszeit
Schriftlich zu bearbeitende Aufgaben	120 Min.

Prüfungsbereich „Wirtschafts- und Sozialkunde"

Im Prüfungsbereich „Wirtschafts- und Sozialkunde" hat der Prüfling nachzuweisen, dass er in der Lage ist, allgemeine wirtschaftliche und gesellschaftliche Zusammenhänge der Berufs- und Arbeitswelt darzustellen und zu beurteilen.

Prüfungsinstrument	Prüfungszeit
Schriftlich zu bearbeitende Aufgaben	60 Min.

T

4.2 Trockenbaumonteur/-in

Prüfungsform beim Ausbildungsberuf Trockenbaumonteur/-in ist die „Gestreckte Abschlussprüfung“. Beim Beruf Trockenbaumonteur/-in handelt es sich um einen Beruf im Bereich Industrie und Handel – deshalb wird eine Abschlussprüfung durchgeführt.
Bei dieser Prüfungsart (§ 44 BBiG) findet keine Zwischenprüfung statt, sondern eine Abschlussprüfung, die sich aus zwei bewerteten Teilen zusammensetzt. Teil 1 und Teil 2 werden zeitlich getrennt voneinander geprüft. Beide Prüfungsteile fließen dabei in einem in der Verordnung festgelegten Verhältnis in die Bewertung und das Gesamtergebnis der Abschlussprüfung ein.

In Teil 1 der „Gestreckten Abschlussprüfung“ wird daher ein Teil der beruflichen Handlungsfähigkeit festgestellt. Prüfungsgegenstand von Teil 1 sind die Fertigkeiten, Kenntnisse und Fähigkeiten, die bis zu diesem Zeitpunkt gemäß dem Ausbildungsrahmenplan zu vermitteln sind. Prüfungsgegenstand von Teil 2 sind die Inhalte der gesamten Ausbildung. Prüfungsinhalte aus Teil 1 sollten sich dabei in Teil 2 nicht wiederholen, da diese bereits als abgeprüft gelten.

<table>
<tr><th colspan="7">Trockenbaumonteur/-in</th></tr>
<tr><th colspan="7">Abschlussprüfung</th></tr>
<tr><th></th><th colspan="2">Teil 1</th><th colspan="4">Teil 2</th></tr>
<tr><td rowspan="2">Prüfungsbereiche</td><td colspan="2">„Herstellen von Baukörpern und Durchführen von Ausbauarbeiten“</td><td rowspan="2">„Herstellen von Trockenbaukonstruktionen“</td><td rowspan="2">„Durchführen von Trockenbaukonstruktionsarbeiten“</td><td rowspan="2">„Durchführen von Sanierungsarbeiten und Instandsetzungsarbeiten“</td><td rowspan="2">„Wirtschafts- und Sozialkunde“</td></tr>
<tr><td>Erster Teil von Teil 1</td><td>Zweiter Teil von Teil 1</td></tr>
<tr><td>Prüfungsinstrumente</td><td>Arbeitsaufgabe, Dokumentieren mit praxisüblichen Unterlagen</td><td>Schriftlich zu bearbeitende Aufgaben</td><td>Arbeitsaufgabe, Dokumentieren mit praxisüblichen Unterlagen</td><td>Schriftlich zu bearbeitende Aufgaben</td><td>Schriftlich zu bearbeitende Aufgaben</td><td>Schriftlich zu bearbeitende Aufgaben</td></tr>
<tr><td>Prüfungszeiten</td><td>8 Std.</td><td>120 Min.</td><td>8 Std.</td><td>90 Min.</td><td>90 Min.</td><td>60 Min.</td></tr>
<tr><td rowspan="2">Gewichtung</td><td>60 %</td><td>40 %</td><td rowspan="2">30 %</td><td rowspan="2">10 %</td><td rowspan="2">10 %</td><td rowspan="2">10 %</td></tr>
<tr><td colspan="2">40 %</td></tr>
</table>

[▲ Kapitel 2.1 „Paragrafen der Ausbildungsordnung“ Abschnitt 8]

Teil 1 der „Gestreckten Abschlussprüfung“ findet im vierten Ausbildungshalbjahr statt. Das Ergebnis geht mit einem Anteil in das Gesamtergebnis ein – dieser Anteil ist in der Ausbildungsordnung festgelegt. Der Prüfling wird nach Ablegen von Teil 1 über seine erbrachte Leistung informiert. Dieser Teil der Prüfung kann nicht eigenständig wiederholt werden, da er ein Teil der Gesamtprüfung ist. Ein schlechtes Ergebnis in Teil 1 kann also nicht verbessert, sondern muss durch ein entsprechend gutes Ergebnis in Teil 2 ausgeglichen werden, damit die Prüfung insgesamt als „bestanden“ gilt.

Teil 2 der „Gestreckten Abschlussprüfung“ erfolgt zum Ende der Ausbildungszeit. Das Gesamtergebnis der Abschlussprüfung setzt sich aus den Ergebnissen der beiden Teilprüfungen zusammen. Bei Nichtbestehen der Prüfung müssen sowohl Teil 1 als auch Teil 2 wiederholt werden. Gleichwohl kann der Prüfling auf Antrag von der Wiederholung einzelner, bereits bestandener Prüfungsabschnitte freigestellt werden.

Rückfalloption:
Der Prüfungsbereich „Herstellen von Baukörpern und Durchführen von Ausbauarbeiten“ (Teil 1) ist identisch mit den Prüfungsbereichen der Gesellen- oder Abschlussprüfung im zweijährigen Beruf. Die sogenannte Rückfalloption ermöglicht eine Anerkennung der Prüfungsleistungen in der Teil 1 Prüfung als Berufsabschluss. Voraussetzungen sind:

- finales Nichtbestehen der Prüfung nach drei Jahren (auch unter Berücksichtigung von Wiederholungsprüfungen und mündlicher Ergänzungsprüfung),
- mindestens ausreichende Prüfungsleistungen in der Teil 1 Prüfung,
- mindestens ausreichende Prüfungsleistungen in Wirtschafts- und Sozialkunde und
- ein Antrag bei der zuständigen Kammer.

!

Ermittlung des Ergebnisses von Teil 1 der „Gestreckten Abschlussprüfung“:

Teil 1 besteht aus einer praktischen Prüfung (erster Teil von Teil 1 – Arbeitsaufgabe) und einer schriftlichen Prüfung (zweiter Teil von Teil 1 – schriftliche Aufgaben). Für jede dieser Aufgaben muss eine Note ermittelt werden. Dabei fließt die Note der praktischen Prüfung (erster Teil) mit 60 Prozent und die der schriftlichen Prüfung (zweiter Teil) mit 40 Prozent in die Note für Teil 1 der Prüfung ein.

Die Note für beide Teilbereiche von Teil 1 der Prüfung fließt am Ende der Ausbildung mit 40 Prozent in die Gesamtnote ein.

4.2.1 Teil 1 der Gestreckten Abschlussprüfung

Im ersten Teil von Teil 1 werden im Prüfungsbereich „Herstellen von Baukörpern und Durchführen von Ausbauarbeiten“ die Kompetenzen in einer praktischen Prüfung anhand einer von drei möglichen Tätigkeiten geprüft (§ 91 Absatz 3). Im zweiten Teil von Teil 1 werden die Kompetenzen in einer schriftlichen Prüfung nach § 91 Absatz 4 anhand von Tätigkeiten aus zwei Bereichen geprüft:

1. Bereich Ausbauarbeiten
   Im Bereich Ausbauarbeiten wählt der Prüfungsausschuss vier von sieben möglichen Tätigkeiten für die jeweilige Prüfung aus.

2. Bereich Trockenbauarbeiten
   Im Bereich Trockenbauarbeiten müssen sämtliche Tätigkeiten in der Prüfung berücksichtigt werden.

T

Prüfungsbereich „Herstellen von Baukörpern und Durchführen von Ausbauarbeiten"

Im Prüfungsbereich „Herstellen von Baukörpern und Durchführen von Ausbauarbeiten" besteht die Prüfung aus zwei Teilen.

Im ersten Teil hat der Prüfling nachzuweisen, dass er in der Lage ist,

1. Arbeitsabläufe zu planen und persönliche Schutzausrüstung auszuwählen,
2. Arbeitsplätze einzurichten und zu räumen,
3. Mengen von Baustoffen und Bauhilfsstoffen zu berechnen sowie Baustoffe und Bauhilfsstoffe einzusetzen,
4. Werkzeuge und Maschinen auszuwählen und einzusetzen,
5. ergonomische, ökologische und ökonomische Gesichtspunkte bei der Durchführung der Arbeiten zu berücksichtigen,
6. Untergründe zu prüfen und vorzubereiten,
7. Pläne, Skizzen und Zeichnungen zu lesen und anzuwenden,
8. Messungen durchzuführen,
9. Bauteile herzustellen sowie
10. sowohl Zwischen- als auch Endergebnisse der durchzuführenden Arbeiten zu kontrollieren, zu bewerten und zu dokumentieren.

Für den Nachweis ist eine der folgenden Tätigkeiten (vom Prüfungsausschuss festlegt) zugrunde zu legen:

1. Herstellen einer Einfachständerwand sowie einer geschlossenen Unterdecke mit einer Beplankung aus Trockenbauplatten,
2. Herstellen einer Einfachständerwand sowie einer geschlossenen Deckenbekleidung mit einer Beplankung aus Trockenbauplatten oder
3. Herstellen einer Einfachständerwand und eines Fertigteilestrichs.

Prüfungsinstrumente	Prüfungszeit
Arbeitsaufgabe	8 Std.
Dokumentation mit praxisüblichen Unterlagen	

Im zweiten Teil hat der Prüfling nachzuweisen, dass er in der Lage ist,

1. Aufträge zu erfassen sowie Arbeitsabläufe unter Beachtung technischer, wirtschaftlicher und organisatorischer Vorgaben zu planen,
2. persönliche Schutzausrüstung zu unterscheiden, auszuwählen und diesbezügliche Vorgaben zu erläutern,
3. das Einrichten oder das Räumen von Arbeitsplätzen unter Beachtung von Gefahrenbereichen auf Baustellen zu erläutern,
4. Baustoffe und Bauhilfsstoffe zu unterscheiden, auszuwählen, deren Mengen zu berechnen sowie die ökologischen Auswirkungen der Baustoffe und Bauhilfsstoffe zu erläutern,
5. Werkzeuge und Maschinen zu unterscheiden und auszuwählen,
6. Maßnahmen zur Vorbereitung und Prüfung von Untergründen zu beschreiben,
7. normgerechte Zeichnungen anzuwenden und bemaßte Skizzen anzufertigen,
8. Messgeräte zu unterscheiden und auszuwählen,
9. Vorschriften des Wärme-, Schall- und Brandschutzes zu unterscheiden,

10. die Durchführung von Ausbauarbeiten zu beschreiben,
11. Verfahren zur sortenreinen Trennung und Lagerung von Abfall- und Reststoffen auf der Baustelle zu beschreiben und dabei kreislaufwirtschaftliche Gesichtspunkte zu berücksichtigen sowie
12. Maßnahmen zur Sicherheit und zum Gesundheitsschutz bei der Arbeit, zum Umweltschutz und zur Qualitätssicherung zu beschreiben.

Für den Nachweis sind vier Tätigkeiten aus dem nachfolgend aufgeführten Bereich Ausbauarbeiten (vom Prüfungsausschuss festgelegt) und sämtliche Tätigkeiten aus dem Bereich Trockenbauarbeiten zugrunde zu legen:

Bereich Ausbauarbeiten:

a) Unterscheiden und Auswählen von Holz und Holzwerkstoffen,
b) Unterscheiden von Dämmstoffen und Beschreiben des Einbauens und Rückbauens von Dämmstoffen,
c) Unterscheiden von Estrichkonstruktionen und Estricharten,
d) Unterscheiden von Putzen,
e) Beschreiben des Verlegens von Fliesen und Platten,
f) Unterscheiden von Trockenbaukonstruktionen oder
g) Unterscheiden von Konstruktionen im Mauerwerksbau und im Beton- und Stahlbetonbau;

Bereich Trockenbauarbeiten:

a) Unterscheiden von Baustoffen im Trockenbau,
b) Unterscheiden und Auswählen von Bekleidungen und Vorsatzschalen sowie Beschreiben der Herstellung von Bekleidungen und Vorsatzschalen,
c) Unterscheiden und Auswählen von Einfachständerwänden sowie Beschreiben der Herstellung von Einfachständerwänden sowie
d) Unterscheiden von Unterdecken und Deckenbekleidungen mit einer Beplankung aus Trockenbauplatten.

Prüfungsinstrument	**Prüfungszeit**
Schriftlich zu bearbeitende Aufgaben	120 Min.

T

4.2.2 Teil 2 der Gestreckten Abschlussprüfung

Im Prüfungsbereich „Herstellen von Trockenbaukonstruktionen" ist zu beachten, dass die Kompetenzen anhand einer von vier möglichen Tätigkeiten geprüft werden. Die Tätigkeit wird vom Prüfungsausschuss festgelegt.

Prüfungsbereich „Herstellen von Trockenbaukonstruktionen"

Im Prüfungsbereich „Herstellen von Trockenbaukonstruktionen" hat der Prüfling nachzuweisen, dass er in der Lage ist,

1. Informationen aus Zeichnungen für die Vorbereitung der eigenen Arbeiten zu erfassen,
2. Höhen-, Lage-, Längen-, Richtungs- und Winkelmessungen durchzuführen,
3. Bauteile unter Beachtung bauphysikalischer Anforderungen herzustellen,
4. Aufmaße zu erstellen sowie
5. Arbeitsergebnisse zu beurteilen und zu dokumentieren.

Für den Nachweis ist eine der folgenden Tätigkeiten (vom Prüfungsausschuss festgelegt) zugrunde zu legen:

1. Herstellen einer gegliederten Montagewand und einer akustisch wirksamen Unterdecke,
2. Herstellen einer gegliederten Montagewand und einer akustisch wirksamen Deckenbekleidung,
3. Herstellen einer gegliederten Montagewand und eines Fertigteilestrichs auf mineralischer Schüttung oder
4. Herstellen einer gegliederten Montagewand und Einbau einer Stahlumfassungszarge sowie Einbauen einer akustisch wirksamen Unterdecke.

Prüfungsinstrumente	Prüfungszeit
Arbeitsaufgabe	8 Std.
Dokumentation mit praxisüblichen Unterlagen	

Prüfungsbereich „Durchführen von Trockenbaukonstruktionsarbeiten"

Im Prüfungsbereich „Durchführen von Trockenbaukonstruktionsarbeiten" hat der Prüfling nachzuweisen, dass er in der Lage ist,

1. Art und Umfang von Aufträgen zu erfassen sowie Arbeitsabläufe entsprechend der technischen Unterlagen zu planen und zu dokumentieren,
2. Gefährdungen auf Baustellen zu unterscheiden und Schutzmaßnahmen auszuwählen,
3. Zeichnungen für die eigene Arbeitsvorbereitung zu erstellen,
4. Aufmaße zu erstellen,
5. Messverfahren zu unterscheiden und auszuwählen,
6. Prüfverfahren zu unterscheiden und auszuwählen,
7. Qualitätsanforderungen bei der Herstellung von Trockenbauoberflächen zu erläutern sowie
8. Wand-, Decken- und Bodenkonstruktionen unter Beachtung bauphysikalischer Anforderungen zu unterscheiden und auszuwählen.

Prüfungsinstrument	Prüfungszeit
Schriftlich zu bearbeitende Aufgaben	90 Min.

Prüfungsbereich „Durchführen von Sanierungsarbeiten und Instandsetzungsarbeiten"

Im Prüfungsbereich „Durchführen von Sanierungsarbeiten und Instandsetzungsarbeiten" hat der Prüfling nachzuweisen, dass er in der Lage ist,

1. Art und Umfang von Aufträgen zu erfassen sowie Arbeitsabläufe entsprechend der technischen Unterlagen zu planen und zu dokumentieren,
2. Gefährdungen auf Baustellen zu unterscheiden und Schutzmaßnahmen auszuwählen,
3. Zeichnungen für die eigene Arbeitsvorbereitung zu erstellen,
4. Aufmaße zu erstellen,
5. Messverfahren zu unterscheiden und auszuwählen,
6. Prüfverfahren zu unterscheiden und auszuwählen,
7. Plattenoberflächen entsprechend der geforderten Qualitätsanforderungen zu unterscheiden und auszuwählen,
8. Wand-, Decken- und Bodenkonstruktionen unter Beachtung bauphysikalischer Anforderungen zu unterscheiden und auszuwählen,
9. Konstruktionen zur Aufnahme von Konsollasten zu unterscheiden und auszuwählen,
10. Abdichtungen im Verbund zu unterscheiden und zu beschreiben,
11. Barrierefreiheit bei der Planung und Konstruktion von Sanitärräumen zu berücksichtigen,
12. anhand wärmeschutztechnischer Vorgaben die Dämmkonstruktionen zu ermitteln,
13. Konstruktionen zur Beplankung und Dämmung von Dachschrägen und Kehlbalkendecken zu unterscheiden und auszuwählen,
14. Schäden an Trockenbaukonstruktionen zu analysieren und den Ist-Zustand zu dokumentieren sowie Maßnahmen zur Schadensbegrenzung zu erläutern sowie
15. Verfahren zur Sanierung von Trockenbaukonstruktionen zu unterscheiden und auszuwählen.

Prüfungsinstrument	Prüfungszeit
Schriftlich zu bearbeitende Aufgaben	90 Min.

Prüfungsbereich „Wirtschafts- und Sozialkunde"

Im Prüfungsbereich „Wirtschafts- und Sozialkunde" hat der Prüfling nachzuweisen, dass er in der Lage ist, allgemeine wirtschaftliche und gesellschaftliche Zusammenhänge der Berufs- und Arbeitswelt darzustellen und zu beurteilen.

Prüfungsinstrument	Prüfungszeit
Schriftlich zu bearbeitende Aufgaben	60 Min.

5 Links und Adressen

Links

Ausbaufacharbeiter/-in (Schwerpunkt Trockenbauarbeiten)

Beruf im Überblick: ▶ Ausbildungsordnung ▶ Rahmenlehrplan, inkl. Entsprechungsliste (KMK) ▶ Zeugniserläuterungen	https://www.bibb.de/dienst/berufesuche/de/index_berufesuche.php/profile/apprenticeship/36kkjju2

Trockenbaumonteur/-in

Beruf im Überblick: ▶ Ausbildungsordnung ▶ Rahmenlehrplan, inkl. Entsprechungsliste (KMK) ▶ Zeugniserläuterungen	https://www.bibb.de/dienst/berufesuche/de/index_berufesuche.php/profile/apprenticeship/78opl

Weitere Informationen

Modernisierung der Bauwirtschaftsberufe	https://www.bibb.de/de/182919.php
Leando	https://leando.de
360°-Berufsfeldpanoramen	https://www.ueberaus.de/wws/berufsfeldpanorama-ausbauberufe.php
Standardberufsbildpositionen (modernisiert 2021)	https://www.bibb.de/de/134898.php
Unterweisungspläne für überbetriebliche Ausbildungsstätten (Heinz-Piest-Institut für Handwerkstechnik)	https://hpi-hannover.de/gewerbefoerderung/unterweisungsplaene.php
Hubbs – Der Hub für berufliche Schulen	https://hubbs.schule
KMK	https://www.kmk.org
Berufsbildungsgesetz (BBiG)	https://www.gesetze-im-internet.de/bbig_2005
Handwerksordnung (HwO)	https://www.gesetze-im-internet.de/hwo
Nachhaltigkeits-Navigator Handwerk	https://navigator.nachhaltiges-handwerk.de

Adressen

Bundesinstitut für Berufsbildung (BIBB)
Friedrich-Ebert-Allee 114–116
53113 Bonn
Tel.: 0228 | 107 0
https://www.bibb.de

Bundesministerium für Bildung und Forschung (BMBF)
Heinemannstraße 2 und 6
53175 Bonn
Tel.: 0228 | 99 57 0
https://www.bmbf.de

Bundesministerium für Wirtschaft und Klimaschutz (BMWK)
Scharnhorststraße 34–37
10115 Berlin
Tel.: 030 | 18 615 0
https://www.bmwk.de

Sekretariat der Ständigen Konferenz der Kultusminister der Länder in der Bundesrepublik Deutschland (KMK)
Taubenstraße 10
10117 Berlin
Tel.: 030 | 25 418 0
https://www.kmk.org

Kuratorium der Deutschen Wirtschaft für Berufsbildung (KWB)
Simrockstraße 13
53113 Bonn
Tel.: 0228 | 91 523 0
https://www.kwb-berufsbildung.de

Deutscher Gewerkschaftsbund (DGB)
Keithstraße 1
10787 Berlin
Tel.: 030 | 24 060 0
https://www.dgb.de

Deutsche Industrie- und Handelskammer (DIHK)
Breite Straße 29
10178 Berlin
Tel.: 030 | 20 308 0
https://www.dihk.de

Zentralverband des Deutschen Handwerks e. V. (ZDH)
Mohrenstraße 20/21
10117 Berlin
Tel.: 030 | 20619 0
https://www.zdh.de

Zentralverband des Deutschen Baugewerbes e. V.
Kronenstraße 55–58
10117 Berlin
Tel.: 030 | 20314 0
https://www.zdb.de

Hauptverband der Deutschen Bauindustrie e. V.
Kurfürstenstraße 129
10785 Berlin
Tel.: 030 | 21286 0
https://www.bauindustrie.de

Industriegewerkschaft Bauen-Agrar-Umwelt
Olof-Palme-Straße 19
60439 Frankfurt am Main
Tel.: 069 | 9 57 37 0
https://www.igbau.de